阿尔泰数学教程系列

普通高等教育"十三五"规划教材

数学建模实验

郑勋烨　编著

西安交通大学出版社

·西 安·

图书在版编目(CIP)数据

数学建模实验 / 郑勋烨编著. —西安 ：西安交通大学出版社，2018.5
ISBN 978-7-5693-0640-8

Ⅰ. ①数… Ⅱ. ①郑… Ⅲ. ①数学模型-实验-高等学校-教材 Ⅳ. ①O141.4-33

中国版本图书馆 CIP 数据核字(2018)第 111661 号

书　　名　数学建模实验
编　　著　郑勋烨
责任编辑　李　文

出版发行　西安交通大学出版社
　　　　　(西安市兴庆南路 10 号　邮政编码 710049)
网　　址　http://www.xjtupress.com
电　　话　(029)82668357　82667874(发行中心)
　　　　　(029)82668315(总编办)
传　　真　(029)82668280
印　　刷　陕西日报社

开　　本　787mm×1092mm　1/16　　印张 16　　字数 382 千字
版次印次　2018 年 7 月第 1 版　　2018 年 7 月第 1 次印刷
书　　号　ISBN 978-7-5693-0640-8
定　　价　35.00 元

前 言

我从 2003 年起，多年在学校里担当“全国大学生数学建模与计算机应用竞赛”的辅导工作，十几年来，如履薄冰，未尝稍懈。在与学生朝夕相伴的日子里，深刻感到，学生在撰写论文时遇到的最大困难，往往不是建模的理论，而是编写程序以进行海量数据处理和算法实现，换言之即“理论的实现”，而这无疑是“数学建模实验”应当解决的任务。

对于应用数学、计算机、软件工程等专业的同学，倘若开设过“数学软件”或“数学建模实验”课程，完成上述任务往往不是难事。但更多其他院系、专业的学生，却要从头开始，从最基本的 MATLAB/LINDO/LINGO 命令，到应用软件编程建模，有如一个海外赤子，从学习字母 ABC 到与当地土著熟练地摆龙门阵唠嗑，全过程要在短短数周乃至数天之内圆满完成，殊非易事。常听学生在网上目不转睛地百度搜索之余，向我吐露衷肠：“老师，咱们要是有一本自己的讲建模编程的书就好了，简单好用，不用再上网海淘那么多不知道有用还是没用的资料啦！”

习主席教导我们说：“人民对美好生活的向往，就是我们的奋斗目标。”同样，学生向往的美好教材，也是教师们努力的所向。“简单好用”，就是本书致力实现的目标。

本书的两大特色体现在：

(1)简单：本书重在传授编程方法，而非复杂深奥的建模理论，因此在内容设计上，以实验案例为抓手，效法国内数学建模学科的奠基人之一、清华大学萧树铁教授在《数学实验》前言中倡导的：“不讲证明，基本不做笔头练习”，单刀直入，让学生迅速从基本命令过渡到建模编程。简而不浅，通而不俗，涵盖了数学建模初步、差分方程、插值与数值积分、常微分方程、线性代数方程组、非线性方程与方程组、无约束优化、约束优化、整数规划、数据统计分析、统计推断、回归分析等基本而重要的建模门类，虽非面面俱到，却可举一反三。

(2)好用：各章的前部，是数学软件 MATLAB/LINDO/LINGO 的常用基本命令的演示，使编程零基础的同学也能够照猫画虎，轻松入门。后部则是一些典型的建模案例，每个实验又区分难易，较简单的实验，以程序为单一主体；较复杂的，则设置模型问题、建模求解、程序设计、结果说明等段落，清晰演示一个数学模型从问题提出、模型假设到建模求解、编程实现的全过程，使得学生对基本命令有例可查，对典型方法有法可依。

本书适合大学理工、人文、经管、医学、农学等各院系各专业的师生阅读和练习，只需具备若干基本的微积分、线性代数、概率统计、最优化的常识，以及必备的安装有MATLAB/LINDO/LINGO等数学软件的电脑，便可动手来做建模实验，对于参加全国大学生数学建模竞赛的师生尤其适合。

2004年，我在庐山参加"数学建模讲习班培训"，住在牯岭镇上。有一天出门散步，在漫山遍野的茫茫云海中偶遇了携孙女出游的萧树铁先生，老人家精神矍铄，风雅诙谐，略一接谈，受益匪浅。他在当年主编《数学实验》时，筚路蓝缕，与姜启源、叶其孝、谢金星、张立平、何青、高立、叶俊等诸位前辈一起开创了国内数学建模实验的先河，发轫之功，启示之德，至今泽被后学。本书的撰写，也受到了多位名家和同仁著作的深刻影响，我在书末的"参考文献"中已一一具列，谨表谢忱。

本书出版获得中国地质大学(北京)的"中央高校基本科研业务费专项基金"项目(项目编号:35932015011)和"教学研究与教学改革"项目(项目编号:JGYB201420)的资助，特此鸣谢。

此书是我的"阿尔泰数学教程系列"的第四部。有些内容，可与本系列的前两部《计算方法及MATLAB实现》和《概率统计导引》(国防工业出版社出版，百度可以搜索到)相互参看，有心的读者不妨留意。

郑勋烨

公元2017年8月，农历丁酉鸡年夏于北京雷雨后

目 录

第 1 章　数学建模实验初步

实验 1.1　应用指数增长模型和阻滞增长模型拟合人口数据

1.1.1　模型问题

利用表 1.1 给出的 1790—2000 年的美国实际人口资料建立下列模型：(1)分段的指数增长模型。将时间分为若干段，分别确定增长率 r；(2)阻滞增长模型。换一种方法确定固有增长率 r 和最大容量 x_m。

表 1.1　美国人口数据

年	实际人口/百万	计算人口 x1/百万（指数增长模型）	计算人口 x2/百万（指数增长模型）	计算人口 x/百万（阻滞增长模型）
1790	3.9	4.2	6	3.9
1800	5.3	5.5	7.4	5
1810	7.2	7.2	9.1	6.5
1820	9.6	9.5	11.1	8.3
1830	12.9	12.5	13.6	10.7
1840	17.1	16.5	16.6	13.7
1850	23.2	21.7	20.3	17.5
1860	31.4	28.6	24.9	22.3
1870	38.6	37.6	30.5	28.3
1880	50.2	49.5	37.3	35.8
1890	62.9	65.1	45.7	45
1900	76	85.6	55.9	56.2
1910	92		68.4	69.7
1920	106.5		83.7	85.5
1930	123.2		102.5	103.9
1940	131.7		125.5	124.5
1950	150.7		153.6	147.2
1960	179.3		188	171.3
1970	204		230.1	196.2

续表

年	实际人口/百万	计算人口 x1/百万（指数增长模型）	计算人口 x2/百万（指数增长模型）	计算人口 x/百万（阻滞增长模型）
1980	226.5		281.7	221.2
1990	251.4		344.8	245.3
2000	281.4		422.1	

1.1.2 建模求解和程序设计

%实验目的：应用指数增长模型和阻滞增长模型对美国人口数据拟合

(1)分成四组，每组 6 个数据，最后一组用上第三组的后两个数据。

先用前六组数据拟合得到结果如下

General model Exp1：

f(x)＝a＊exp(b＊x)

Coefficients (with 95％ confidence bounds)：

a＝8.135e－023 (－1.367e－023，1.764e－022)

b＝0.02919 (0.02855，0.02983)

Goodness of fit：

SSE：0.02324

R－square：0.9998

Adjusted R－square：0.9998

RMSE：0.07622

拟合效果较好，画图如图 1.1 所示。

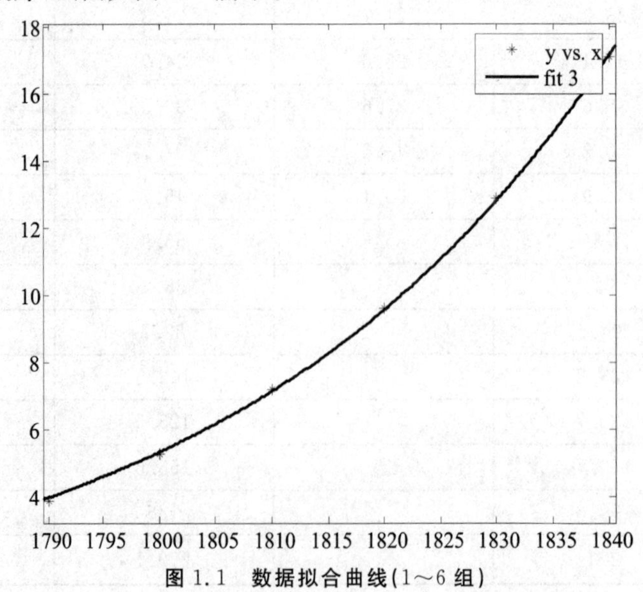

图 1.1 数据拟合曲线(1～6 组)

第 7～12 组结果

General model Exp1：

f(x)＝a * exp(b * x)

Coefficients (with 95％ confidence bounds)：

a＝1.259e－017　(－3.865e－017，6.383e－017)

b＝0.02277　(0.02061，0.02493)

Goodness of fit：

SSE：7.591

R－square：0.9962

Adjusted R－square：0.9952

RMSE：1.378

拟合效果如图 1.2 所示。

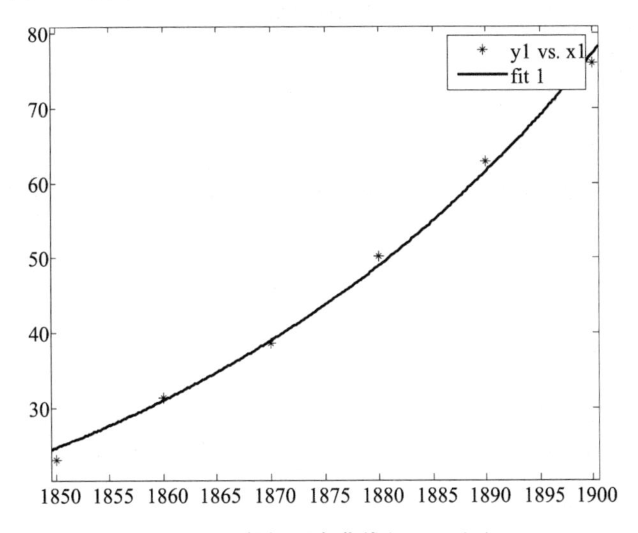

图 1.2　数据拟合曲线(7～12 组)

第 13～18 组拟合结果

General model Exp1：

f(x)＝a * exp(b * x)

Coefficients (with 95％ confidence bounds)：

a＝1.964e－009　(－5.877e－009，9.805e－009)

b＝0.01287　(0.01081，0.01492)

Goodness of fit：

SSE：60.86

R－square：0.9876

Adjusted R－square：0.9845

RMSE：3.901

拟合效果如图 1.3 所示。

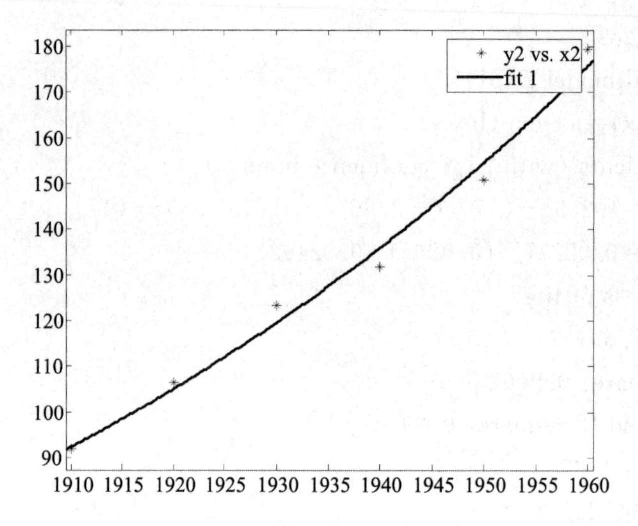

图 1.3　数据拟合曲线(13～18 组)

第 17～22 组拟合结果

General model Exp1：

$f(x)=a*\exp(b*x)$

Coefficients (with 95% confidence bounds)：

a=1.683e−008　(−3.167e−008，6.533e−008)

b=0.01177　(0.01032，0.01323)

Goodness of fit：

SSE：84.04

R−square：0.9926

Adjusted R−square：0.9908

RMSE：4.584

拟合效果如图 1.4 所示。

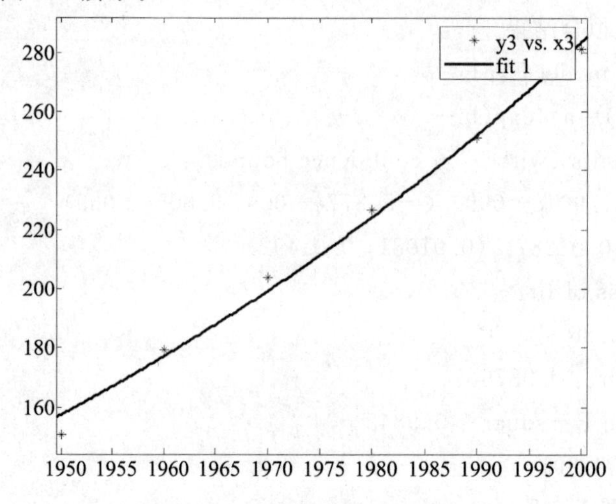

图 1.4　数据拟合曲线(17～22 组)

实验 1.2 包装与售价模型

1.2.1 模型问题

在超市购物时,大包装商品单位重量价格通常比小包装商品便宜。比如某品牌牙膏,50 克装的每支 1.50 元,120 克装的每支 3.00 元,二者单位重量的价格比是 1.2∶1。试构造模型解释这个现象。

1.2.2 建模求解和程序设计

(1)假设商品外包装的形状为正方体(边长为 a),商品的密度为 ρ,商品的单位成本为 c_1,包装成本与产品包装的表面积成正比(比例系数为 k),其他成本为常数 m,则可以建立模型,商品价格为 $P=c_1w+6ka^2+m$,其中 a 满足 $w=\rho a^3$。

(2)单位重量价格 $c=\frac{P}{w}=\frac{c_1w+6k\ (w/\rho)^{2/3}+m}{w}$。令 $m=0.2$,由已知数据计算可得 $c_1=0.0155, k=0.0096$。

编程如下:

```
fun=inline('[(x(1)*50+6*x(2)*(50/1.8)^(2/3)+0.2)/50-1.5/50,(x(1)*120+6*x(2)*(120/1.8)^(2/3)+0.2)/120-3.0/120]','x');
[x,f,h]=fsolve(fun,[0,0]);
fun=inline('(0.0155*w+6*0.0096*(w/1.8)^(2/3)+0.2)/w','w');
fplot(fun,[0,300]);
```

由此生成图像如图 1.5 所示。

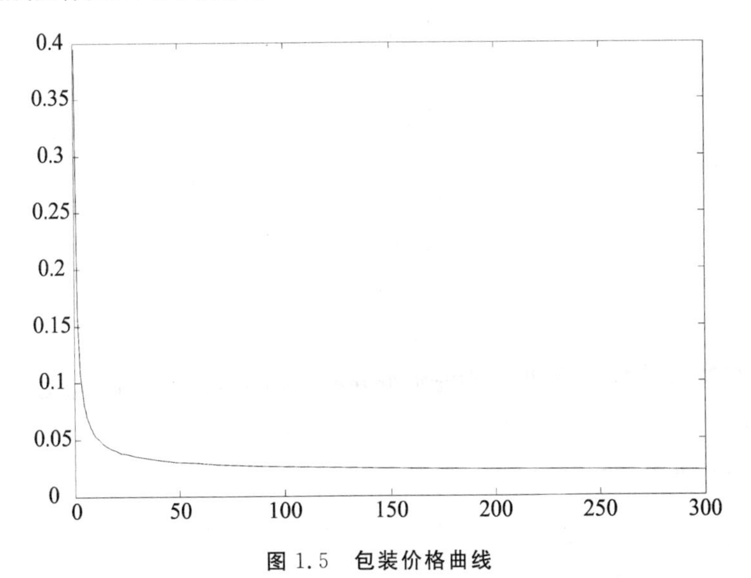

图 1.5 包装价格曲线

由图 1.5 可知，随着体积的扩大，单位重量的价格变化微小，趋近于极限 0.0155。符合实际情况，实际生活中，单位重量的价格随着体积的不断扩大，趋近于商品的生产成本。

实验 1.3 淋雨量模型

1.3.1 模型问题

要在雨中从一处走到另一处，假设雨的方向和大小都不变，试建立一个模型讨论是否走得越快，淋雨量越小。设人体为长方柱，表面积之比为前∶侧∶顶＝1∶a∶b。人沿 x 方向以速度 v 前进，而雨速在 x,y,z 方向的分量为 u_x,u_y,u_z。写出淋雨量的表达式，画出淋雨量随 v 变化的曲线，从而确定在什么情况下走得越快，淋雨量越小，在什么情况下不是这样。

1.3.2 建模求解

(1)假设雨从迎面吹来，雨线与跑步方向在同一平面内，且与人体的夹角为 θ，人的前、侧、顶表面积分别为 s,as,bs，雨速为 u，降雨量为 w cm/h，d 为两地之间的距离，如图 1.6 所示。

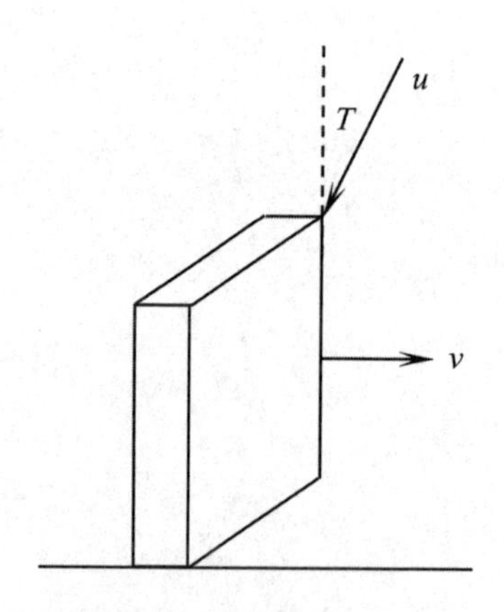

图 1.6 淋雨量模型示意图

建立总淋雨量 V 与速度 v 及参数 a,b,s,u,w,d,θ 之间的关系：

淋雨量＝面积×时间×降雨量

顶部淋雨量 $Q_1=bsdw\cos\theta/v$，雨速水平分量 $u\sin\theta$，方向与 v 相反，合速度 $u\sin\theta+v$，迎面单位时间、单位面积的淋雨量 $w(u\sin\theta+v)/u$，故迎面淋雨量为 $Q_2=sdw(u\sin\theta+v)/uv$，所以总淋雨量为

$$Q=Q_1+Q_2=\frac{sdw}{u}\cdot\frac{bu\cos\theta+(u\sin\theta+v)}{v}$$

易知 Q 为 v 的单调递减函数，故人的速度越大，淋雨量越小。

(2)假设雨从背后吹来，雨线与跑步方向在同一平面内，且与人体的夹角为 α，此时与(1)不同的是合速度为 $|u\sin\alpha - v|$，于是总淋雨量为

$$Q=\begin{cases}\dfrac{sdw}{u}\cdot\dfrac{bu\cos\alpha+(u\sin\alpha-v)}{v}=\dfrac{sdw}{u}\cdot\dfrac{u(b\cos\alpha+\sin\alpha)-v}{v}, & v<u\sin\alpha\\[2ex] \dfrac{sdw}{u}\cdot\dfrac{bu\cos\alpha+(v-u\sin\alpha)}{v}=\dfrac{sdw}{u}\cdot\dfrac{u(b\cos\alpha-\sin\alpha)+v}{v}, & v\geqslant u\sin\alpha\end{cases}$$

若 $b\cos\alpha-\sin\alpha<0$，即 $b<\tan\alpha$ 时，则 $v=u\sin\alpha$ 时 Q 最小。否则，$v=v_m$ 时 Q 最小。

第 2 章　差分方程

实验 2.1　自然物种数量演变规律(一阶线性差分方程)

2.1.1　模型问题

仙鹤在良好自然环境下(如新疆天鹅湖或齐齐哈尔仙鹤故乡)的“鹤口”自然增长率为 1.94%,在中等和下等自然环境下(如上海外滩或蒙古戈壁)则为负增长,增长率分别为-3.24%和-3.82%。若在某自然保护区内有 100 只仙鹤,建立描述其变化规律的模型,并作数值计算。若每年人工孵化 5 只仙鹤放还保护区,则在中等环境下仙鹤数量将如何变化?

%实验目的:应用一阶差分方程 $x(k+1)=(1+r)*x(k)$;$c(k+1)=(1-q)*c(k)$。求自然物种数量演变规律曲线。

2.1.2　建模求解

(1) 标记第 k 年的仙鹤数量为 x_k,自然环境下的自然增长率为 r,且 $a=1+r$,则第 $k+1$ 年的仙鹤数量为 x_{k+1},其中

$$x_{k+1}=ax_k,a=1+r,k=1,2,\cdots$$

其解为 $x_k=a^k x_0$,显然,当自然增长率为 $r<0$,即 $a=1+r<1$ 时,$\lim\limits_{k\to\infty}x_k=\lim\limits_{k\to\infty}a^k x_0=0$,这意味着在中等和下等环境下,仙鹤数量趋向于零,即濒临灭绝。

```
%主要命令:round,  plot  gtext
%首先建立 M 文件:
function y=exf11(x0,n,r) % x0,n,r 可调节更改
a=1+r;
x(1)=x0; %赋初始值
for k=1:n-1
x(k+1)=a*x(k);
end
y=x';
%调用建立好的 m 文件
%源程序:
```

```
k=(0:20)';
y1=exf11(100,21,0.0194);
y2=exf11(100,21,-0.0324);
y3=exf11(100,21,-0.0382);
round([k,y1,y2,y3]), %四舍五入取整
plot(k,y1,k,y2,':',k,y3,'--'), %三条曲线画在一张图上(如图2.1所示)
gtext('r=0.0194'),gtext('r=-0.0324'),gtext('r=-0.0382'), %在图上作标记
title('Altay:仙鹤数量增长曲线比较图') %命名图像
```

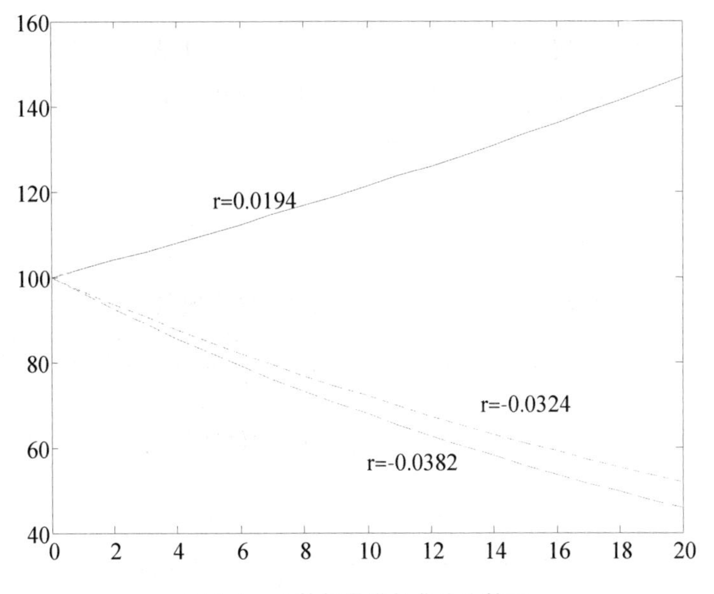

图2.1　仙鹤数量增长曲线比较图

```
%运行结果:
ans=0    100    100    100
    1    102    97     96
    2    104    94     93
    3    106    91     89
    4    108    88     86
    5    110    85     82
    6    112    82     79
    7    114    79     76
    8    117    77     73
    9    119    74     70
    10   121    72     68
    11   124    70     65
```

12	126	67	63
13	128	65	60
14	131	63	58
15	133	61	56
16	136	59	54
17	139	57	52
18	141	55	50
19	144	53	48
20	147	52	46

(2)标记第 k 年的仙鹤数量为 x_k，在中等和下等环境下人工孵化增殖，每年孵化数量为 b，自然增长率为 r，且 $a=1+r$，则第 $k+1$ 年的仙鹤数量为 x_{k+1}，其中

$$x_{k+1} = ax_k + b, a = 1 + r, k = 1, 2, \cdots$$

其解为 $x_k=a^k x_0+b\dfrac{1-a^k}{1-a}$。在中等环境下 $r=-0.0324$，$b=5$；在下等环境下 $r=-0.0382$，$b=5$。

显然，当自然增长率为 $r<0$，即 $a=1+r<1$ 时，极限数量

$$\lim_{k\to\infty} x_k = \lim_{k\to\infty} a^k x_0 + b \lim_{k\to\infty} \frac{1-a^k}{1-a} = \frac{b}{1-a}$$

这意味着在中等和下等环境下人工孵化增殖，仙鹤数量趋向于 $x=\dfrac{b}{1-a}$。

如，在中等环境下

$$x = \frac{b}{1-a} = \frac{b}{-r} = \frac{5}{0.0324} = 154.32$$

在下等环境下

$$x = \frac{b}{1-a} = \frac{b}{-r} = \frac{5}{0.0382} = 130.89$$

编程如下：

```
%首先建立 M 文件：
function y=exf110(x0,n,r,b) % x0,n,r,b 可调节更改
a=1+r;
x(1)=x0; %赋初始值
for k=1:n-1
    x(k+1)=a*x(k)+b;
end
y=x';
%调用建立好的 m 文件
%源程序：
```

```
k=(0:20)';
y2=exf110(100,21,-0.0324,5); %取孵化增殖数量 b=5,可调节更改
y3=exf110(100,21,-0.0382,5);
round([k,y1,y2,y3]),
plot(k,y2,':',k,y3,'--'),
gtext('r=-0.0324'),gtext('r=-0.0382'),
grid on
title('Altay:人工孵化下中下等环境仙鹤数量增长曲线比较图')(见图 2.2)
```

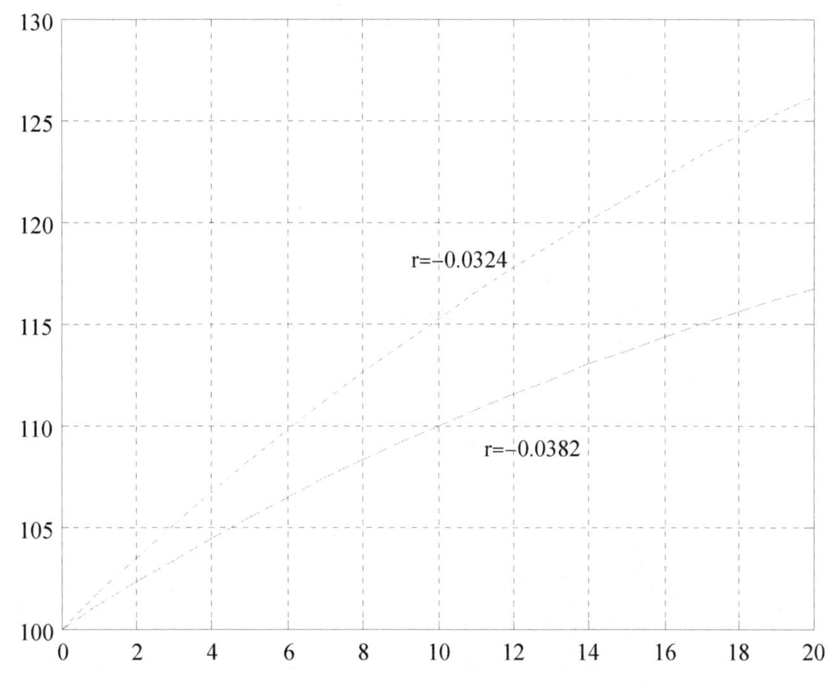

图 2.2　人工孵化下中下等环境仙鹤数量增长曲线比较图

```
%首先建立 M 文件:
function y=exf110(x0,n,r,b) % x0,n,r,b 可调节更改
a=1+r;
x(1)=x0; %赋初始值
for k=1:n-1
    x(k+1)=a*x(k)+b;
end
y=x';
%调用建立好的 m 文件
%源程序:
k=(0:200)';
```

```
y2=exf110(100,201,-0.0324,5);
y3=exf110(100,201,-0.0382,5);
round([k,y2,y3]),
plot(k,y2,':',k,y3,'--'),
gtext('r=-0.0324,b=5'),gtext('r=-0.0382,b=5'),
grid on
title('Altay:中等环境下自然与人工孵化仙鹤增长比较图')(见图 2.3)
```

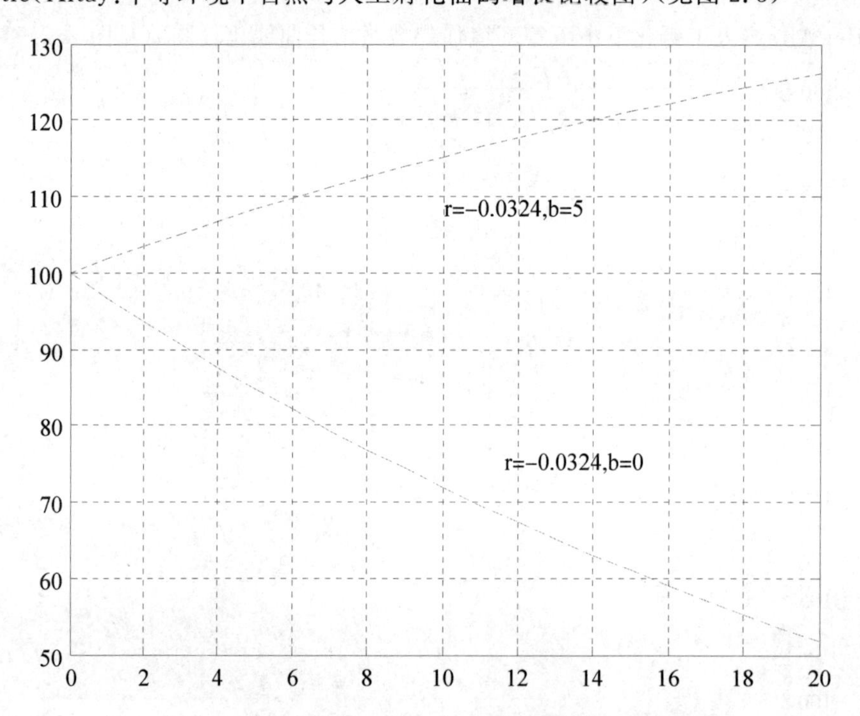

图 2.3 中等环境下自然与人工孵化仙鹤增长比较图

```
%首先建立 M 文件:
function y=exf110(x0,n,r,b) % x0,n,r,b 可调节更改
a=1+r;
x(1)=x0; %赋初始值
for k=1:n-1
    x(k+1)=a*x(k)+b;
end
y=x';
%调用建立好的 m 文件
%源程序:
k=(0:20)';
y2a=exf110(100,21,-0.0324,5);
```

```
y2b=exf110(100,21,-0.0324,0);
round([k,y2a,y2b]),
plot(k,y2a,':',k,y2b,'--'),
gtext('r=-0.0324,b=5'),gtext('r=-0.0324,b=0'),
grid on
title('Altay:k 充分大时人工孵化中下等环境仙鹤增长极限图')(见图 2.4)
%运行结果:
```

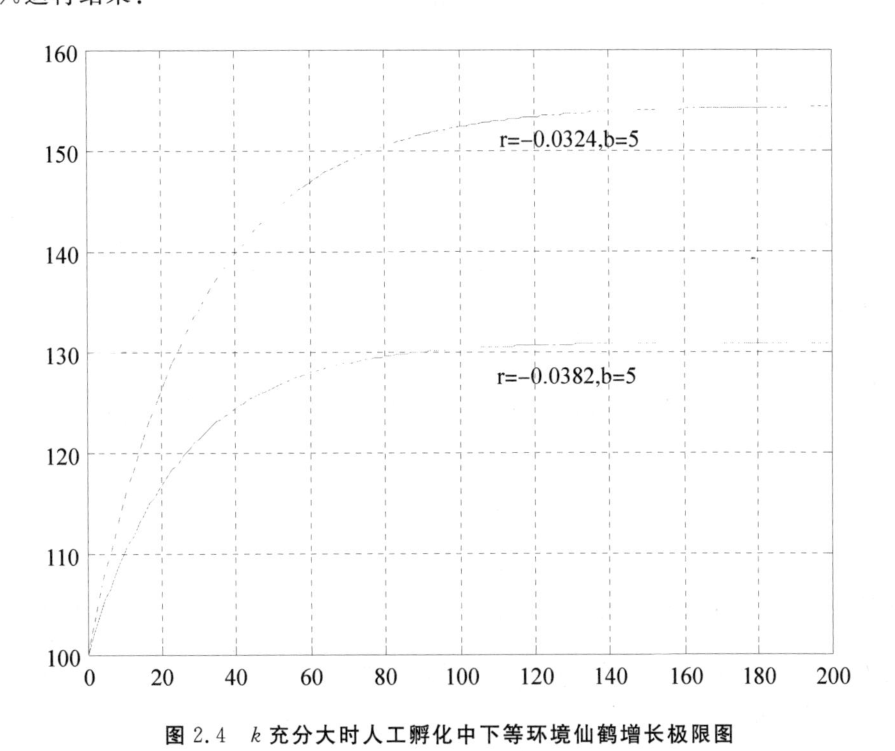

图 2.4　k 充分大时人工孵化中下等环境仙鹤增长极限图

实验 2.2　自然物种数量演变规律(高阶线性差分方程)

2.2.1　模型问题

某种一年生草本植物(如忍冬花)的种子一部分可以活过冬天,在次年春天发芽开花,另一部分在次年没有发芽,而又活过一个冬天,到第三年发芽。近似假定种子最多可以活过两个冬天,建立数学模型研究植物数量的变化规律,描绘演变规律曲线。

%实验目的:应用高阶(二阶)差分方程求植物生长数量演变规律曲线。

2.2.2　建模求解

标记植物产种的平均数目为 c,种子可活过一个冬天的比例为参数 b(参数 b 可以在一定范围内变化)，一岁的种子可在春天发芽的比例为 a_1，没能发芽而过冬的比例还是 b，两岁的种子可在春天发芽的比例为 a_2。

设第 k 年的植物数量为 x_k，依照假定："种子最多可以活过两个冬天"，则 x_k 与第 $k-1$ 年的植物数量 x_{k-1} 和第 $k-2$ 年的植物数量 x_{k-2} 有关，显然，由 x_{k-1} 决定的数量是 a_1bcx_{k-1}，由 x_{k-2} 决定的数量是 $a_2b(1-a_1)bcx_{k-2}$，设第 0 年(今年)栽种且成活的植物数量是 x_0，可得第 k 年的植物数量为 x_k，其中

$$x_1 = a_1bcx_0, x_k = a_1bcx_{k-1} + a_2b(1-a_1)bcx_{k-2},\quad k = 2,3,\cdots$$

为表示简便起见，引入系数记号 $p=-a_1bc, q=-a_2b(1-a_1)bc$，则有差分方程

$$x_1 = a_1bcx_0, x_k + px_{k-1} + qx_{k-2} = 0,\quad k = 2,3,\cdots$$

用待定解方法寻找形如幂函数形式的解 λ^k，代入差分方程得

$$\lambda^2 + p\lambda + q = 0$$

称为差分方程的"特征方程"(这类似于线性常微分方程的特征方程)，由二次求根公式，其解即特征根为 $\lambda=\frac{-p\pm\sqrt{p^2-4q}}{2}$，而原差分方程有解 $x_k=c_1\lambda_1{}^k+c_2\lambda_2^k$，两个常数 c_1, c_2 可由初始条件 x_0 和 $x_1=a_1bcx_0$ 确定。对于本模型，代入相关数据

$$p =- a_1bc, q =- a_2b(1-a_1)bc, a_1 = 0.5, a_2 = 0.25, c = 10$$

得特征根为

$$\lambda = \frac{-p\pm\sqrt{p^2-4q}}{2} = \frac{a_1bc\pm\sqrt{(a_1bc)^2+4a_2(1-a_1)b^2c}}{2} = \frac{5\pm\sqrt{30}}{2}b$$

若设 $b=0.18$，则特征根为 $\lambda=\frac{5\pm\sqrt{30}}{2}b=(0.943, -0.043)$；代入初始值 $x_0=100$，$x_1=a_1bcx_0=90$，得常数 $c_1=95.64, c_2=4.36$. 于是 $b=0.18$，$a_1=0.5, a_2=0.25, c=10$，差分方程有解

$$x_k = c_1\lambda_1{}^k + c_2\lambda_2^k, = 95.64\times 0.943^k + 4.36\times(-0.043)^k$$

显然，当特征根为 $-1<\lambda<1$ 时，即 $|\lambda|<1$ 时，$\lim\limits_{k\to\infty}x_k=\lim\limits_{k\to\infty}(c_1\lambda_1k+c_2\lambda_2^k)=0$，这意味着植物数量趋向于零，即濒临灭绝。而当特征根为 $|\lambda|>1$ 时，$\lim\limits_{k\to\infty}x_k=\lim\limits_{k\to\infty}(c_1\lambda_1{}^k+c_2\lambda_2^k)=\infty$，意味着植物数量趋向于无穷大，能够一直薪火相传，生生不息。

2.2.3　程序设计

```
%主要命令:round,  plot
%首先建立库函数命令 m 文件:
function y=exf12(x0,n,b)                    % x0,n,b 可调节
c=10;a1=0.5;a2=0.25;
p=-a1*b*c;
q=-a2*(1-a1)*c*b^2;
```

```
x(1)=x0;                                %赋初始值
x(2)=-p*x(1);
for k=3:n
    x(k)=-p*x(k-1)-q*x(k-2);            %用高阶(二阶)差分方程迭代计算
end
y=x';
%调用建立好的库函数命令 m 文件进行计算和绘图(见图 2.5)
%源程序:
k=(0:20)';
y1=exf12(100,21,0.18);
y2=exf12(100,21,0.19);
y3=exf12(100,21,0.20);
round([k,y1,y2,y3]),
plot(k,y1,k,y2,':',k,y3,'--'),
gtext('b=0.18'),gtext('b=0.19'),gtext('b=0.20')
%运行结果:
ans=0    100    100    100
    1    90     95     100
    2    85     95     105
    3    80     94     110
    4    76     94     115
    5    71     93     121
    6    67     93     127
    7    63     93     133
    8    60     92     139
    9    56     92     146
    10   53     91     152
    11   50     91     160
    12   47     90     167
    13   45     90     175
    14   42     90     184
    15   40     89     192
    16   37     89     202
    17   35     88     211
    18   33     88     221
```

19 31 88 232
20 30 87 243

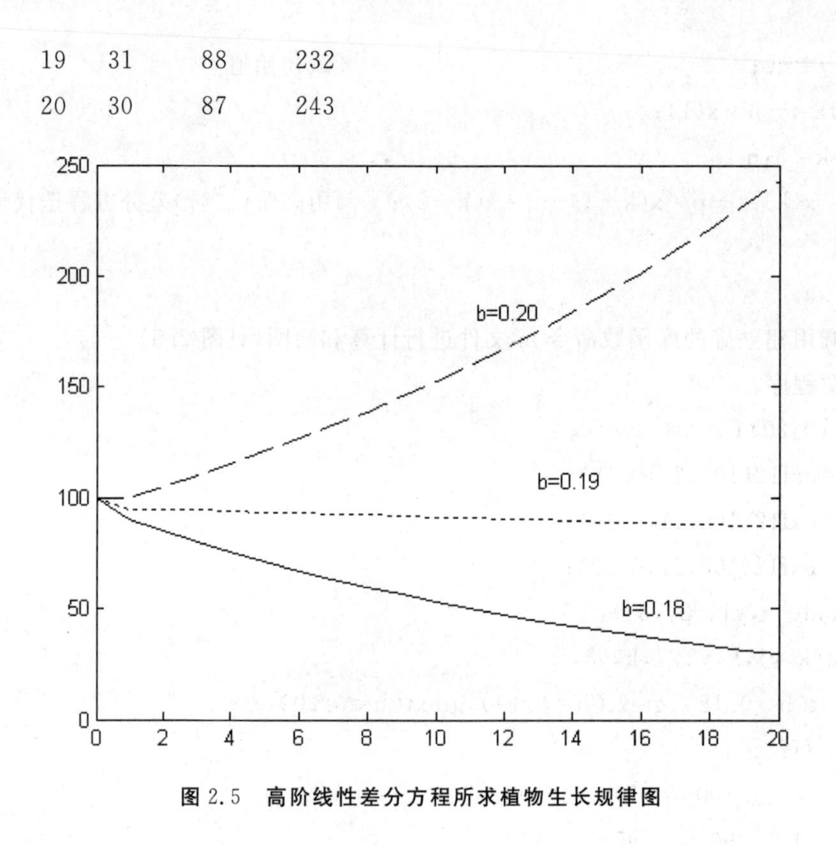

图 2.5 高阶线性差分方程所求植物生长规律图

实验 2.3 汽车数量的转移模型(常系数线性差分方程组)

2.3.1 模型问题

北京某汽车出租公司在 3 个相邻城市(天津 A、北京 B、廊坊 C)之间运营。顾客在其中任意一个城市租赁的车辆可以在本市或其他两个城市归还。据统计，一个租赁期内在 A 市租赁出的汽车分别归还到 A,B,C 市的比例分别为 0.6,0.3,0.1；在 B 市租赁出的汽车分别归还到 A,B,C 市的比例分别为 0.2,0.7,0.1；在 C 市租赁出的汽车分别归还到 A,B,C 市的比例分别为 0.1,0.3,0.6。若公司开张时将 600 辆汽车平均分配到 3 个城市，每个城市各 200 辆，试建立运营过程中汽车数量在 3 个城市之间的转移模型，并讨论时间无限延长时的变化趋势。

%实验目的:应用线性常系数差分方程组求出租车辆分配规律曲线。

2.3.2 建模求解

设第 k 个租赁期末公司在 A,B,C 市的汽车数量分别是 $x_1(k)$,$x_2(k)$,$x_3(k)$，依照假定可描绘 3 个城市间的汽车租赁数量比例转移关系示意图，由此易得第 $k+1$ 个租赁期末公司在 A,B,C 市的汽车数量由如下线性常系数差分方程组决定：

$$\begin{cases} x_1(k+1) = 0.6x_1(k) + 0.2x_2(k) + 0.1x_3(k) \\ x_2(k+1) = 0.3x_1(k) + 0.7x_2(k) + 0.3x_3(k) \\ x_3(k+1) = 0.1x_1(k) + 0.1x_2(k) + 0.6x_3(k) \end{cases}, k = 0,1,2,3,\cdots$$

标记向量 $x(k)=[x_1(k),x_2(k),x_3(k)]^{\mathrm{T}}$，矩阵

$$A = \begin{pmatrix} 0.6 & 0.2 & 0.1 \\ 0.3 & 0.7 & 0.3 \\ 0.1 & 0.1 & 0.6 \end{pmatrix}$$

则线性常系数差分方程组可表示为矩阵一向量形式

$$x(k+1) = A\,x(k), k = 0,1,2,3,\cdots$$

给定初始值 $x(0)$，即可用此差分方程组计算各个租赁期末，公司在 A,B,C 市的汽车数量的变化。

2.3.3 程序设计：出租车辆分配规律

```
%主要命令:round,  plot  gtext
%源程序:
A=[0.6,0.2,0.1;0.3,0.7,0.3;0.1,0.1,0.6]; %赋初始值
x(:,1)=[200,200,200]';
n=10;
for k=1:n
    x(:,k+1)=A*x(:,k); %用线性常系数差分方程组迭代计算
end
round(x),
k=0:10;
plot(k,x),grid,                                    %加格子线
gtext('x1(k)'),gtext('x2(k)'),gtext('x3(k)'),      %做标记
%运行结果:
ans=
  200  180  176  176  178  179  179  180  180  180  180
  200  260  284  294  297  299  300  300  300  300  300
  200  160  140  130  125  123  121  121  120  120  120
```

出租车辆分配规律曲线如图 2.6 所示。

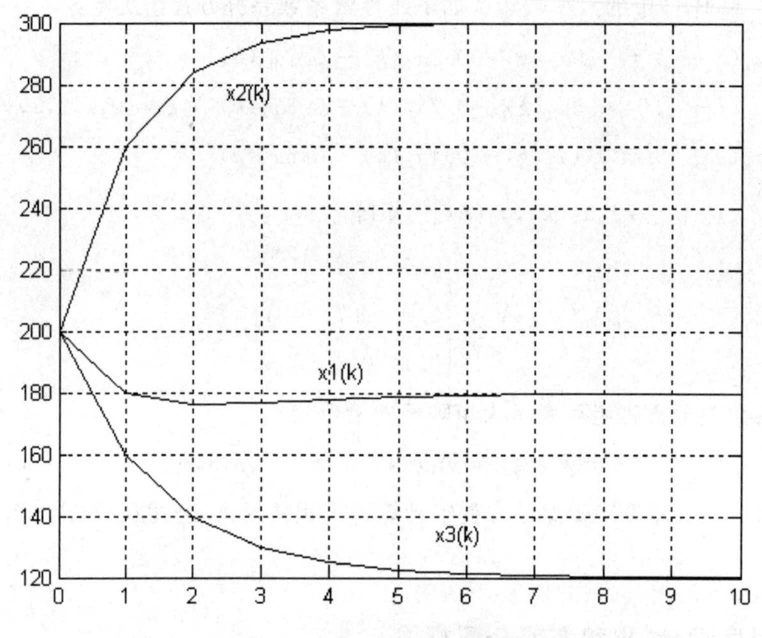

图 2.6 出租车辆分配规律曲线

2.3.4 结果分析

显然,当时间无限延长时,有极限

$$\lim_{k\to\infty}x(k)=\lim_{k\to\infty}[x_1(k),x_2(k),x_3(k)]^T=[180,300,120]^T$$

这意味着当时间无限延长时,3 个城市间的汽车租赁数量趋向于稳定数值:天津 180、北京 300、廊坊 120 辆,而且结果与初始分配数量无关。参阅下面的实验:初始 600 辆汽车全部分配于 A 市,建立转移曲线。可见极限不变。

2.3.5 程序设计:初始汽车全部分配于 A 市的转移曲线

```
%主要命令:round,  plot  gtext
%源程序:
A=[0.6,0.2,0.1;0.3,0.7,0.3;0.1,0.1,0.6];
x(:,1)=[600,0,0]'; %初始 600 辆汽车全部分配于 A 市
n=10;
for k=1:n
    x(:,k+1)=A*x(:,k);
end
round(x),
k=0:10;
plot(k,x),grid,
```

```
gtext('x1(k)'),gtext('x2(k)'),gtext('x3(k)'),
title('Altay:初始汽车全部分配于A市的转移曲线')(见图2.7)
%运行结果:
ans=
    600   360   258   214   195   187   183   181   181   180   180
    0     180   252   281   292   297   299   300   300   300   300
    0     60    90    105   113   116   118   119   120   120   120
```

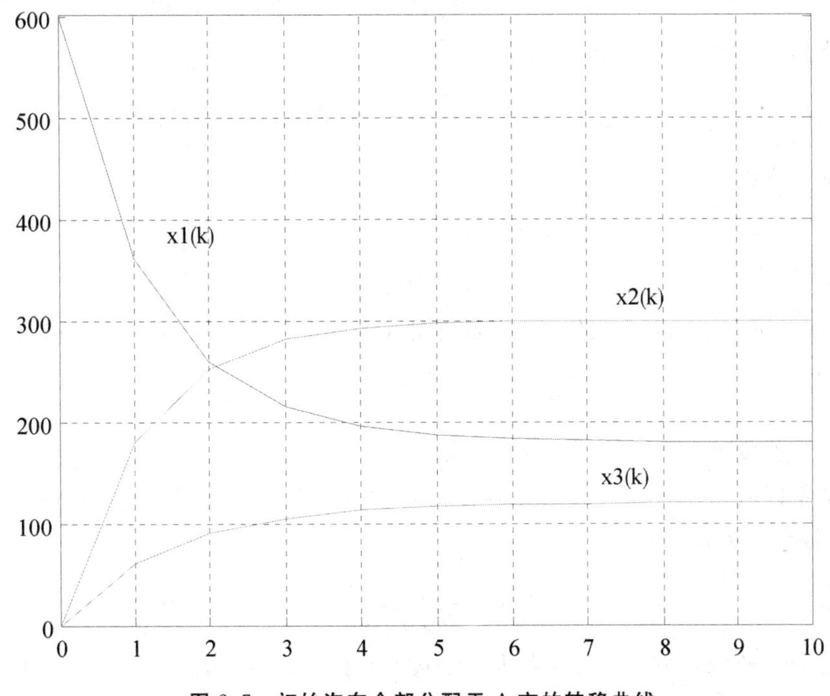

图2.7　初始汽车全部分配于A市的转移曲线

实验2.4　离散型Logistic阻滞增长模型(非线性差分方程)

2.4.1　模型问题

由于资源、环境等等因素的阻滞作用影响，自然界生物种群数量如人口数量增长到一定程度将会下降，体现为增长率函数 $r(x)$ 随着人口数 x 的增大而下降，若用 $x(t)$ 表示时刻 t 的人口数量，则 $\frac{dx}{dt}=r(x)x$（或即 $\frac{dx}{x}=r(x)dt$）。

2.4.2　建模求解

简单假定增长率函数 $r(x)$ 是人口 x 的线性函数，即 $r(x)=r-sx$，这里常数 $r>0$

是“固有增长率”;又假定某区域如地球或亚洲所能容纳的最大极限人口数量为 x_m,当人口数量达到 $x=x_m$ 时不再增长,即增长率函数 $r(x_m)=0$,代入 $r(x)=r-sx$ 得 $s=\frac{r}{x_m}$,从而有常微分方程 $\frac{\mathrm{d}x}{\mathrm{d}t}=rx\left(1-\frac{x}{x_m}\right)$,若给定初始数量为 x_0,则可建立常微分方程初值问题

$$\frac{\mathrm{d}x}{\mathrm{d}t}=rx\left(1-\frac{x}{x_m}\right),x(0)=x_0$$

其中右端因子 rx 体现人口自身增长规律,因子 $\left(1-\frac{x}{x_m}\right)$ 体现了环境的阻滞作用。上述模型称为阻滞增长模型或 Logistic 模型。

方程改写为 $\frac{\mathrm{d}x}{\mathrm{d}t}=rx-\frac{r}{x_m}x^2$,显然就是伯努利(Bernoulli)方程,可作幂函数代换后化为线性方程求解,得通解

$$x(t)=\frac{x_m}{1+\left(\frac{x_m}{x_0}-1\right)e^{-rt}}$$

具体计算时,可以不用套用通解公式,而利用数值微分方法,将模型方程表示为

$$\frac{\mathrm{d}x}{x\,\mathrm{d}t}=r-\frac{r}{x_m}x,x(0)=x_0$$

左边可用数值微分计算,右边则是线性函数。

假定某区域如地球或亚洲所能容纳的最大极限人口数量为 N,阻滞增长模型或 Logistic 模型的离散形式是差分方程

$$x_{k+1}-x_k=r\left(1-\frac{x_k}{N}\right)x_k,\quad k=0,1,2,3,\cdots$$

这是一个非线性差分方程,为获得平衡点(不动点),令 $x_{k+1}=x_k=x$ 得 $x-x=r\left(1-\frac{x}{N}\right)x$,从而 x 为 0 或 N。

2.4.3 程序设计

```
%实验目的:应用高阶差分方程求离散形式的 logistic 阻滞增长模型规律曲线。
%主要命令:round,  plot  subplot
%源程序:
r=[0.3,1.8,2.5];
x=0.1;                                    %赋初始值
n=40;
for j=1:3
    R=r(j);                               %取 r 值
    for i=1:n
```

```
        x(i+1)=x(i)+R*x(i)*(1-x(i));
                                                %用高阶(二阶)差分方程迭代计算
    end
    xx(:,j)=x';
end
k=(0:40)';
[k,xx]                                          %输出结果
subplot(1,3,1),plot(k,xx(:,1)),                 %一个窗口画三张图(见图 2.8)
subplot(1,3,2),plot(k,xx(:,2)),
subplot(1,3,3),plot(k,xx(:,3)),
%运行结果:
ans=
    0           0.1000      0.1000      0.1000
    1.0000      0.1270      0.2620      0.3250
    2.0000      0.1603      0.6100      0.8734
    3.0000      0.2006      1.0382      1.1498
    4.0000      0.2487      0.9668      0.7192
    5.0000      0.3048      1.0246      1.2241
    6.0000      0.3684      0.9792      0.5384
    7.0000      0.4382      1.0158      1.1597
    8.0000      0.5120      0.9869      0.6967
    9.0000      0.5870      1.0102      1.2250
    10.0000     0.6597      0.9917      0.5360
    11.0000     0.7271      1.0065      1.1578
    12.0000     0.7866      0.9947      0.7011
    13.0000     0.8370      1.0042      1.2250
    14.0000     0.8779      0.9966      0.5359
    15.0000     0.9101      1.0027      1.1577
    16.0000     0.9346      0.9978      0.7012
    17.0000     0.9529      1.0017      1.2250
    18.0000     0.9664      0.9986      0.5359
    19.0000     0.9761      1.0011      1.1577
    20.0000     0.9831      0.9991      0.7012
    21.0000     0.9881      1.0007      1.2250
    22.0000     0.9916      0.9994      0.5359
```

23.0000	0.9941	1.0005	1.1577
24.0000	0.9959	0.9996	0.7012
25.0000	0.9971	1.0003	1.2250
26.0000	0.9980	0.9998	0.5359
27.0000	0.9986	1.0002	1.1577
28.0000	0.9990	0.9999	0.7012
29.0000	0.9993	1.0001	1.2250
30.0000	0.9995	0.9999	0.5359
31.0000	0.9997	1.0001	1.1577
32.0000	0.9998	0.9999	0.7012
33.0000	0.9998	1.0000	1.2250
34.0000	0.9999	1.0000	0.5359
35.0000	0.9999	1.0000	1.1577
36.0000	0.9999	1.0000	0.7012
37.0000	1.0000	1.0000	1.2250
38.0000	1.0000	1.0000	0.5359
39.0000	1.0000	1.0000	1.1577
40.0000	1.0000	1.0000	0.7012

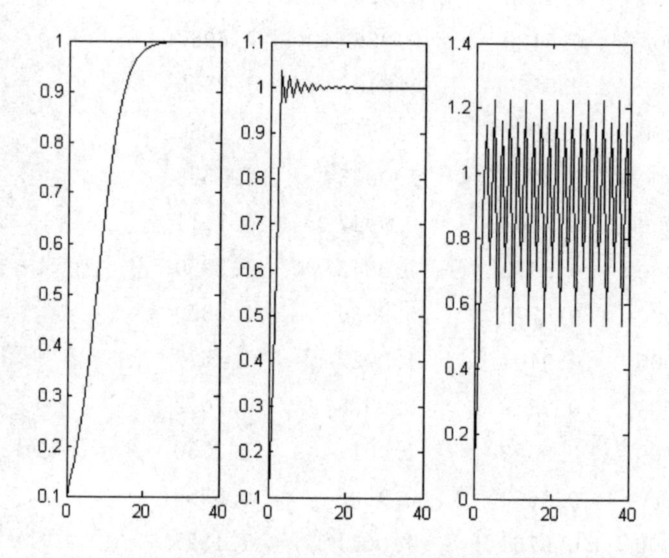

图 2.8　离散形式的 logistic 阻滞增长模型曲线

实验2.5 寄主-寄生增长模型(非线性差分方程)

2.5.1 模型问题

在阻滞增长的基础上,可以讨论寄主-寄生模型。寄主数量的自然增长服从Logistic阻滞增长方程,而寄生物完全依赖寄主为生,可假定寄主的减少率与寄生物数量成正比,而寄生物相邻两代数量与寄主数量成正比。

假定某区域所能容纳的最大极限寄主数量为 N,第 k 代的寄主数量为 x_k,寄生物数量为 y_k,寄主-寄生阻滞增长模型或Logistic模型的离散形式是差分方程组

$$\begin{cases} x_{k+1} - x_k = r\left(1 - \frac{x_k}{N}\right)x_k - ax_ky_k \\ y_{k+1} = bx_ky_k \end{cases}, \quad k = 0,1,2,3,\cdots$$

其中阻滞增长系数 $a,b>0$ 的意义是:a 反映寄生物摄取营养从而阻碍寄主生长,b 反映寄主提供给寄生物营养从而促进寄生物生长。

2.5.2 建模求解

这是一个非线性差分方程组,为获得平衡点(不动点),令 $x_{k+1}=x_k=x$,$y_{k+1}=y_k=y$,得

$$\begin{cases} 0 = r\left(1 - \frac{x}{N}\right)x - axy \\ y = bxy \end{cases}$$

解得3个平衡点(在二维平面上的点)(0,0),$(N,0)$和第三个点$\left(\frac{1}{b},\frac{r}{a}\left(1-\frac{x}{bN}\right)\right)$,唯有此第三个点是寄主与寄生物共存的数量平衡点。如取参数 $N=100$,$r=1.5$,$a=0.025$,$b=0.02$,则平衡点为(50,30)。

2.5.3 程序设计

```
%实验目的:应用非线性差分方程求寄主与寄生物数量演变规律曲线。
%主要命令:function,  plot
%首先建立M文件:
function z=exf13(x0,y0,n,r,N,a,b)        %参数x0,y0,n,r,N,a,b可调节
x=x0;y=y0;                                %或写成x(1)=x0;y(1)=y0;赋初
始值
for k=1:n
    x(k+1)=x(k)+r*x(k)*(1-x(k)/N)-a*x(k)*y(k);
```

```
%用非线性差分方程迭代计算
    y(k+1)=b*x(k)*y(k);
end
z=[x',y'];
%调用建立好的m文件
%源程序:
z=exf13(50,10,100,1.5,100,0.025,0.02);
k=0:100;
plot(k,z(:,1),k,z(:,2)),grid
gtext('x(k)'),gtext('y(k)')                %绘制格线图并做标记(见图2.9)
%运行结果:
```

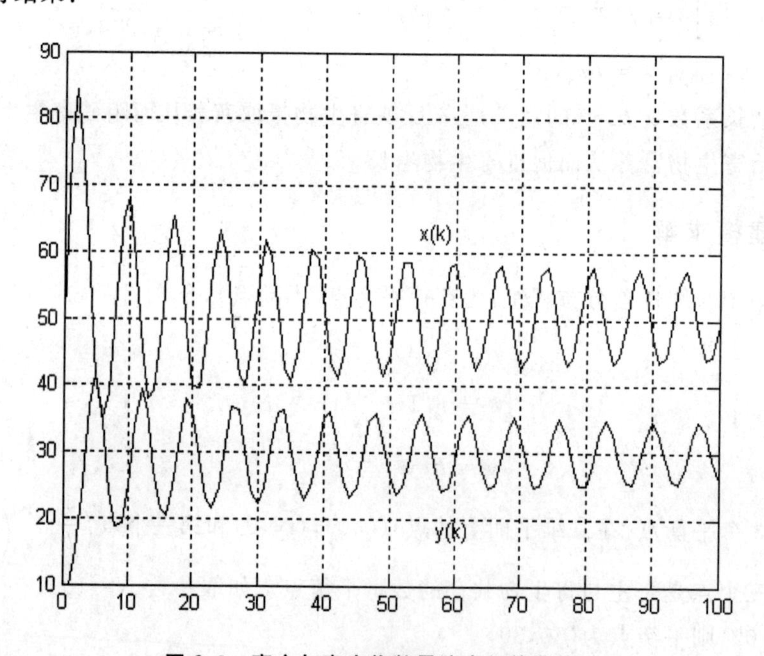

图 2.9 寄主与寄生物数量演变规律曲线

显然,寄主和寄生物数量曲线分别在平衡值 50 和 30 附近振荡。

第 3 章　插值与数值积分

实验 3.1　指数函数 exp(x)的 Lagrange 插值

```
%实验目的:演示指数函数 exp(x)的 Lagrange 插值。
%实验函数:指数函数 exp(x)
%主要命令:function; lag
%首先建立 M 文件:
%源程序:
function y=lag(x0,y0,x)
n=length(x0);m=length(x);
for i=1:m
    z=x(i);
    s=0;
    for k=1:n
        p=1
        for j=1:n
            if j~=k
                p=p*(z-x0(j))/(x0(k)-x0(j))
            end
        end
        s=p*y0(k)+s
    end
    y(i)=s
end
%调用 M 文件 lag.m 演示指数函数 exp(x)的 Lagrange 插值:
x0=-5:5
y0=e.^x
x=-5:0.1:5
y=lag(x0,y0,x)
plot(x0,y0,'o',x,y)%
```

%运行结果如图 3.1 所示。

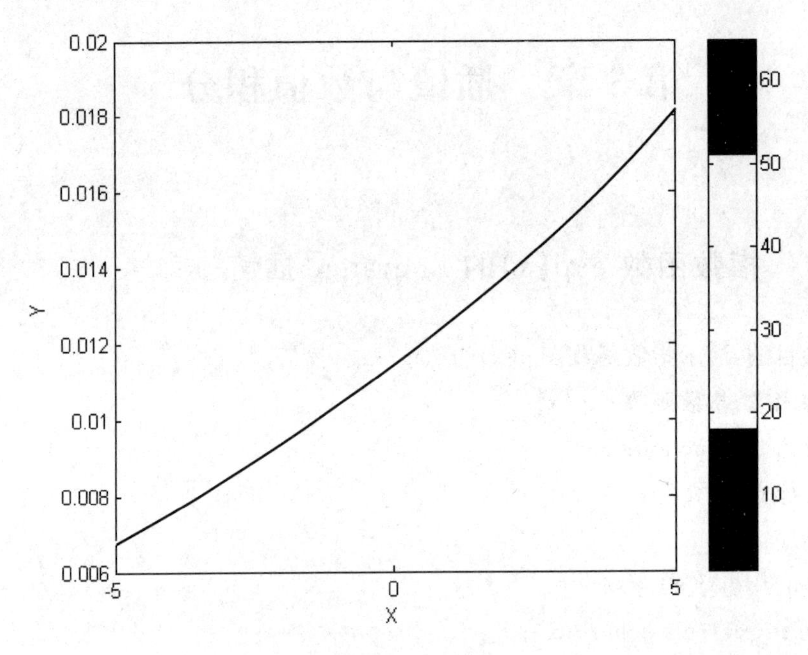

图 3.1 指数函数 exp(x)的 Lagrange 插值

实验 3.2 高次插值的龙格振荡现象

%实验目的:高次插值的龙格振荡现象 runge's phenomenon。

%主要命令:lag interp1 gtext plot

%库函数源程序:

```
function y=lag(x0,y0,x)
n=length(x0);m=length(x);
for i=1:m
    z=x(i);
    s=0;
    for k=1:n
        p=1;
        for j=1:n
            if j~=k
                p=p*(z-x0(j))/(x0(k)-x0(j));
            end
        end
        s=p*y0(k)+s;
```

```
    end
    y(i)=s;
end
%调用库函数绘制龙格振荡现象源程序：
x0=-5:5
y0=1./(1+x0.^2)
x=-5:0.1:5
y=lag(x0,y0,x)
plot(x0,y0,'o',x,y,'b')
title('高次插值的龙格振荡现象 runge''s phenomenon');(见图 3.2)
grid on
gtext('lagrange Interpolation');%活动曲线标记
```

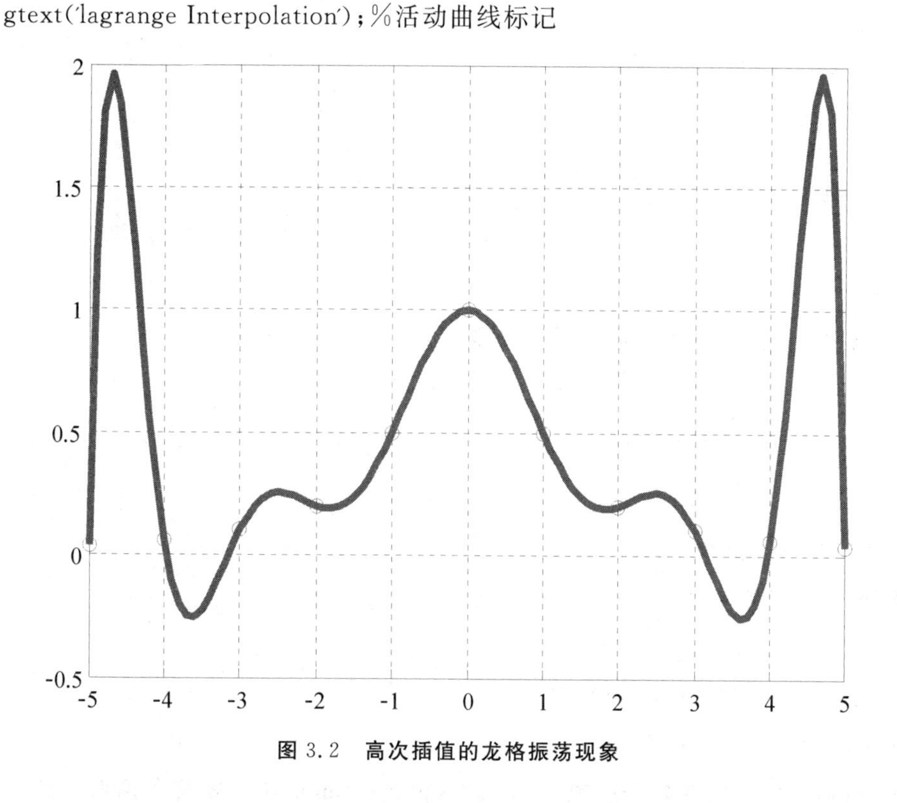

图 3.2　高次插值的龙格振荡现象

实验 3.3　高次插值的龙格振荡现象与三次样条插值的比较

%实验目的：高次插值的龙格振荡现象 runge''s phenomenon 与三次样条插值的良好逼近之比较。

%主要命令：lag　interp1　gtext　plot

%库函数源程序：

```
function y=lag(x0,y0,x)
n=length(x0);m=length(x);
for i=1:m
    z=x(i);
    s=0;
    for k=1:n
        p=1;
        for j=1:n
            if j~=k
                p=p*(z-x0(j))/(x0(k)-x0(j));
            end
        end
        s=p*y0(k)+s;
    end
    y(i)=s;
end
%调用库函数绘制龙格振荡现象源程序:
x=-5:5;
  y=1./(1+25*x.^2);
  xi=-5:0.01:5;
  yi=lag(x,y,xi);
plot(x,y,'o',xi,yi,'--');
  hold on;
  yi=interp1(x,y,xi,'spline');
  plot(x,y,'o',xi,yi,'k');
title('高次插值的龙格振荡现象 runge''s phenomenon 与 3 次样条插值的良好逼近之比较');
grid on
gtext('spline'),gtext('lagrange');%活动曲线标记(见图 3.3)
```

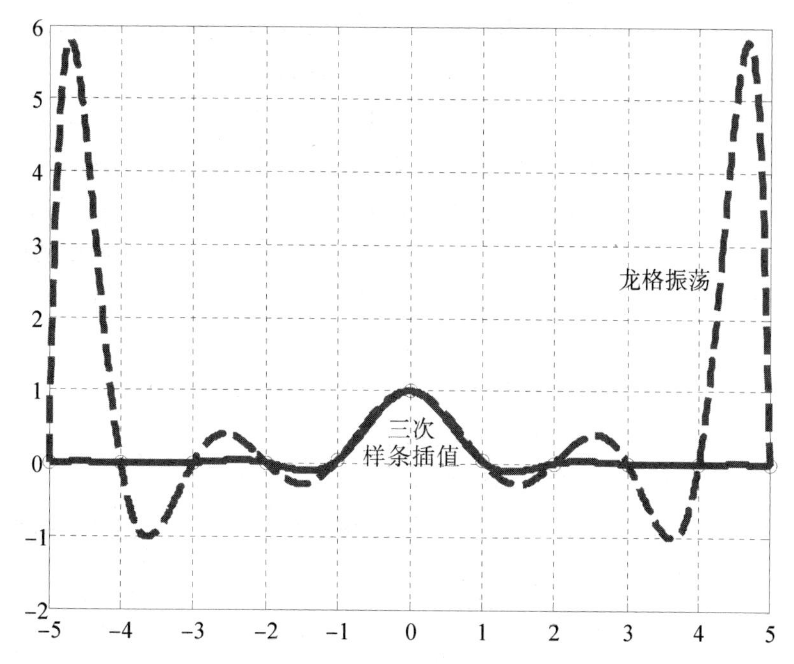

图 3.3　高次插值的龙格振荡现象与三次样条插值的良好逼近之比较

实验 3.4　插值曲面从粗糙到精细的绘制

%实验目的：

已知的数据点来自二元函数

$$z=f(x,y)=(x^2-2x)\mathrm{e}^{-x^2-y^2-xy}$$

根据生成的数据进行插值处理，得出较平滑的曲面。

%源程序：

```
[x,y]=meshgrid(-3:.6:3,-2:.4:2); z=(x.^2-2*x).*exp(-x.^2-y.^2
-x.*y);
surf(x,y,z), axis([-3,3,-2,2,-0.7,1.5])
figure
%title('Altay:二元函数的原始数据确定曲面')
%gtext('f=(x.^2-2*x).*exp(-x.^2-y.^2-x.*y)') %曲面活动标记
%原始网格点的插值曲面，相当粗糙
[x1,y1]=meshgrid(-3:.2:3, -2:.2:2);
z1=interp2(x,y,z,x1,y1); surf(x1,y1,z1), axis([-3,3,-2,2,-0.7,1.5])
%title('Altay:二元函数的线性插值曲面')
%gtext('f=(x.^2-2*x).*exp(-x.^2-y.^2-x.*y)') %曲面活动标记
%稠密网格点的一次线性插值曲面，略为粗糙
```

```
z1=interp2(x,y,z,x1,y1,'cubic'); z2=interp2(x,y,z,x1,y1,'spline');
surf(x1,y1,z1), axis([-3,3,-2,2,-0.7,1.5])
figure; surf(x1,y1,z2), axis([-3,3,-2,2,-0.7,1.5])
%稠密网格点的三次立方插值曲面,比较精细
%title('Altay:二元函数的立方插值曲面')
%gtext('f=(x.^2-2*x).*exp(-x.^2-y.^2-x.*y)') %曲面活动标记
z=(x1.^2-2*x1).*exp(-x1.^2-y1.^2-x1.*y1);   %新网格各点的函数值
surf(x1,y1,abs(z-z1)), axis([-3,3,-2,2,0,0.08])
figure; surf(x1,y1,abs(z-z2)), axis([-3,3,-2,2,0,0.025])
%稠密网格点的样条插值曲面,最为精细
title('Altay:二元函数的样条插值曲面')
%gtext('f=(x.^2-2*x).*exp(-x.^2-y.^2-x.*y)') %曲面活动标记
%运行结果如图 3.4—图 3.7 所示。
```

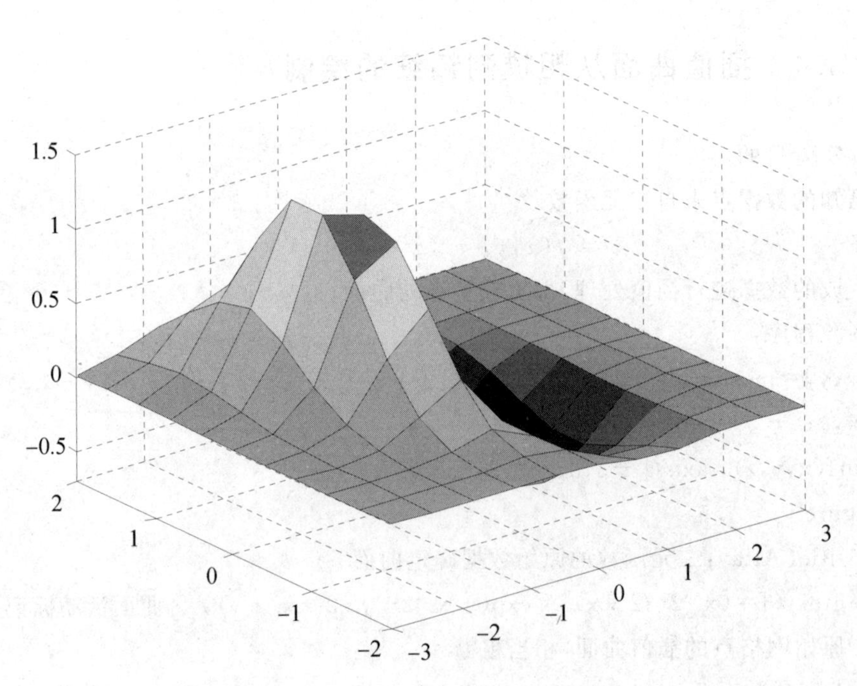

图 3.4 原始网格点的一次线性插值曲面,略为粗糙

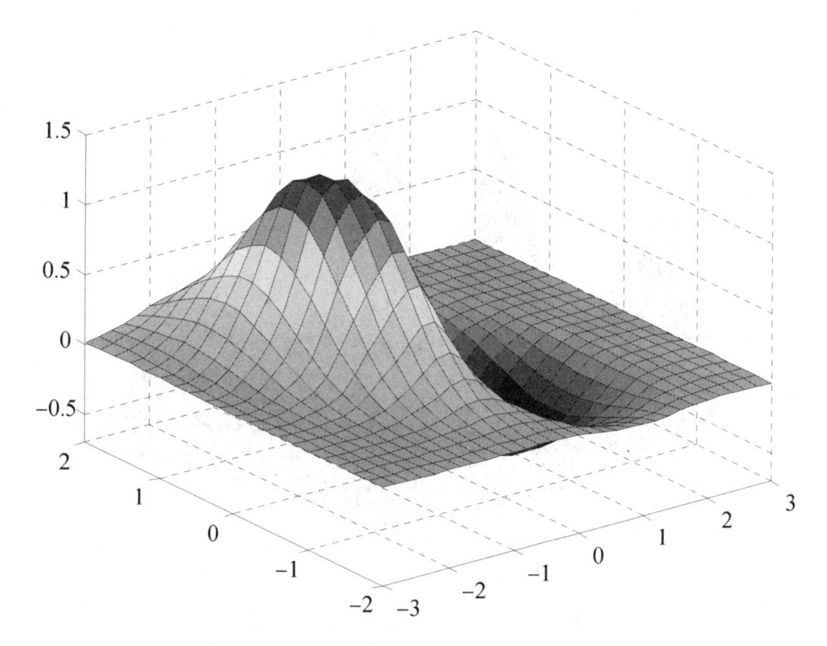

图3.5　稠密网格点的三次立方插值曲面,比较精细

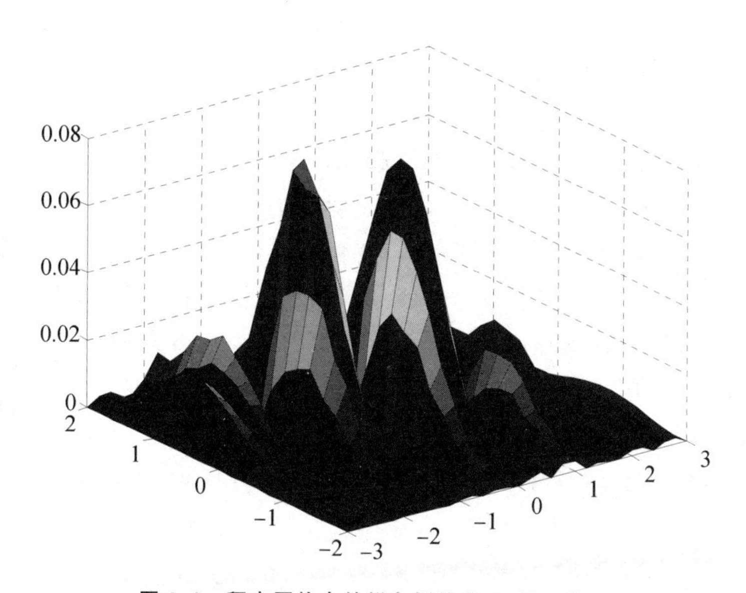

图3.6　稠密网格点的样条插值曲面,最为精细

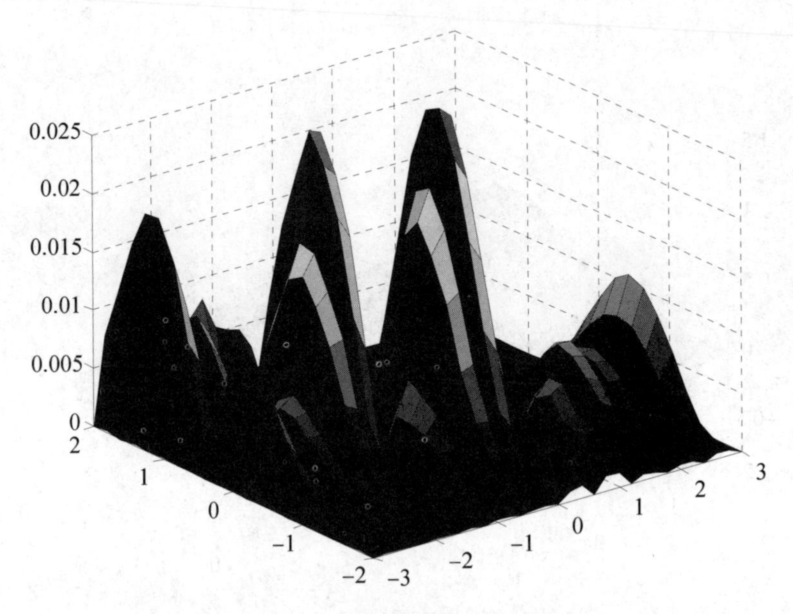

图 3.7　二元函数的样条插值曲面

实验 3.5　随机数据点插值曲面

%实验目的:随机采样获得各自变量坐标随机数据点对函数

$$z = f(x,y) = (x^2 - 2x)e^{-x^2-y^2-xy}$$

根据生成的数据进行插值处理,得出较平滑的曲面。

%源程序:

```
%随机采样获得各自变量坐标随机数据点
x=-3+6*rand(200,1); y=-2+4*rand(200,1);
z=(x.^2-2*x).*exp(-x.^2-y.^2-x.*y);              %生成已知数据
plot(x,y,'x')                                     %样本点的二维分布
figure, plot3(x,y,z,'x'), axis([-3,3,-2,2,-0.7,1.5])
%随机数据点的平面分布
[x1,y1]=meshgrid(-3:.2:3, -2:.2:2);
z1=griddata(x,y,z,x1,y1,'cubic'); surf(x1,y1,z1), axis([-3,3,-2,2,-0.7,
1.5])
z2=griddata(x,y,z,x1,y1,'v4');
figure; surf(x1,y1,z2), axis([-3,3,-2,2,-0.7,1.5])
%随机数据立方插值和 V4 插值曲面
z0=(x1.^2-2*x1).*exp(-x1.^2-y1.^2-x1.*y1);  %新网格各点的函
数值
```

```
surf(x1,y1,abs(z0－z1));  axis([－3,3,－2,2,0,0.15])
figure; surf(x1,y1,abs(z0－z2));  axis([－3,3,－2,2,0,0.15])
%随机数据立方插值和 V4 插值的误差曲面
title('Altay:二元函数的随机数据插值曲面和误差曲面')
%运行结果：
```

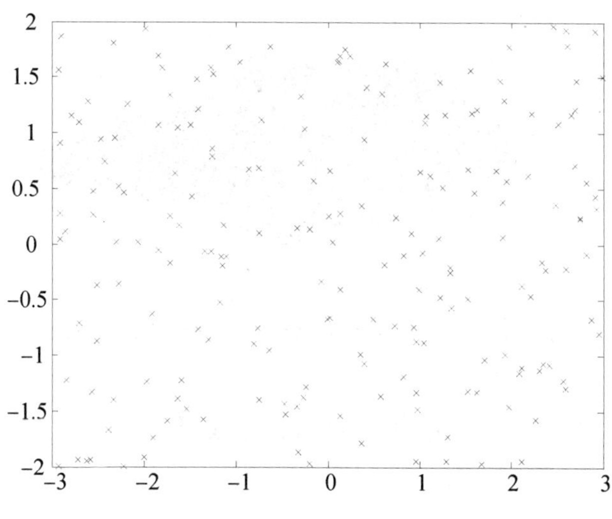

图 3.8 随机数据点的平面分布

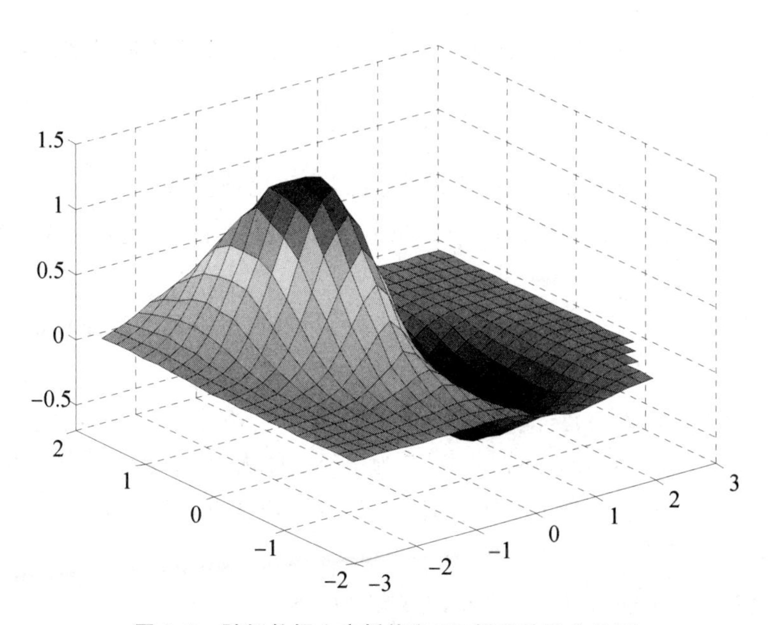

图 3.9 随机数据立方插值和 V4 插值的误差曲面

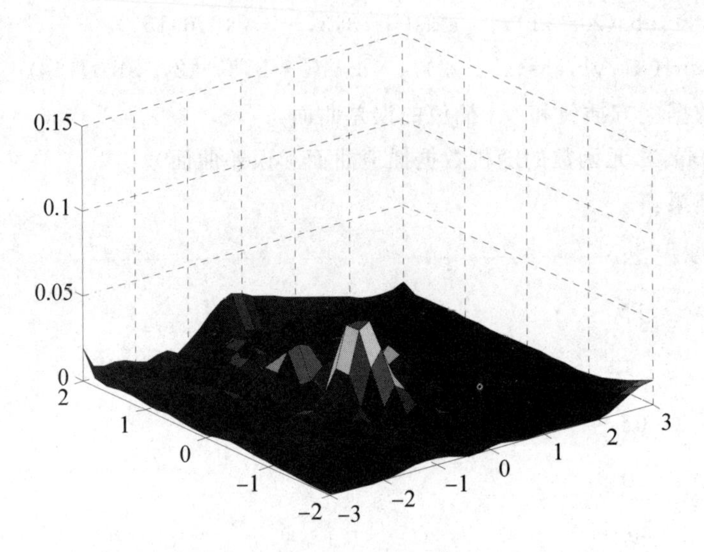

图 3.10 随机数据立方插值和 V4 插值的误差曲面

实验 3.6 删除若干随机点生成的插值曲面

%实验目的：

已知的数据点来自函数

$$z = f(x,y) = (x^2 - 2x)e^{-x^2-y^2-xy}$$

根据生成的数据进行插值处理，删除若干随机样本点，获得的数据平面图，得到较平滑的曲面。

%源程序：

```
%首先直接选取等距节点生成曲线并绘图，曲线比较粗糙
x=-3+6*rand(200,1); y=-2+4*rand(200,1);   %重新生成样本点
z=(x.^2-2*x).*exp(-x.^2-y.^2-x.*y);
ii=find((x+1).^2+(y+0.5).^2>0.5^2);   %找出不满足条件的点坐标
x=x(ii); y=y(ii); z=z(ii); plot(x,y,'x')
t=[0:.1:2*pi,2*pi]; x0=-1+0.5*cos(t); y0=-0.5+0.5*sin(t);
%构造以(-1,-0.5)为圆心，以0.5为半径的圆内，准备剔除圆内样本点
line(x0,y0)   %在图形上叠印该圆，可见，圆内样本点均已剔除
figure
%删除若干圆内随机样本点获得的数据平面图
[x1,y1]=meshgrid(-3:.2:3, -2:.2:2);
z1=griddata(x,y,z,x1,y1,'v4');
surf(x1,y1,z1), axis([-3,3,-2,2,-0.7,1.5])
```

```
figure
%随机数据立方插值和 V4 插值曲面
z0=(x1.^2-2*x1).*exp(-x1.^2-y1.^2-x1.*y1);
surf(x1,y1,abs(z0-z1)), axis([-3,3,-2,2,0,0.1])
figure
%随机数据立方插值和 V4 插值曲面的误差曲面
contour(x1,y1,abs(z0-z1),30); hold on, plot(x,y,'x'); line(x0,y0)
title('Altay:删除若干数据后的二随插值曲面')
%运行结果如图 3.11,图 3.12 所示。
```

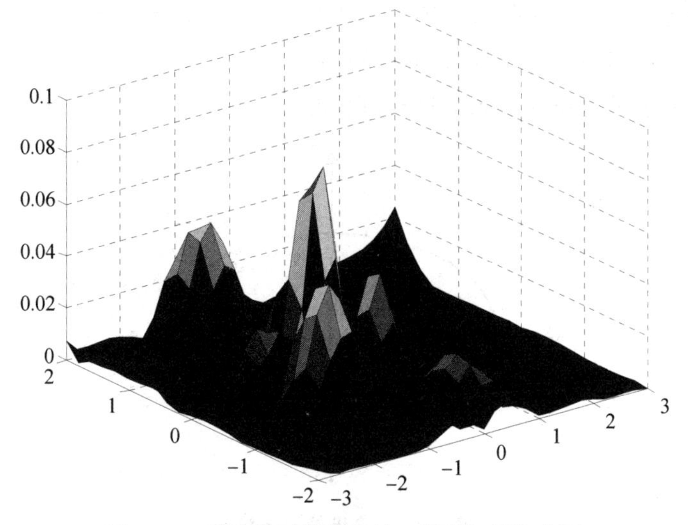

图 3.11　删除若干数据后的二维随机插值曲面

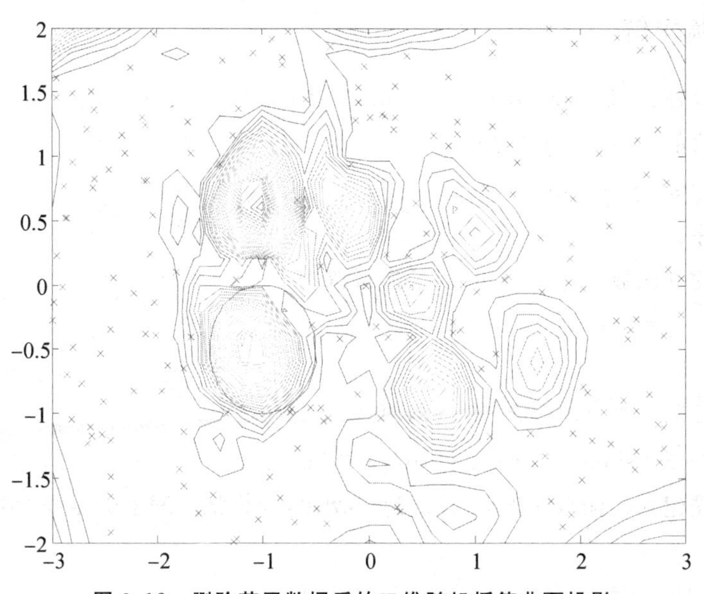

图 3.12　删除若干数据后的二维随机插值曲面投影

实验 3.7　卫星轨道长度椭圆积分计算

3.7.1　模型问题

卫星轨道形如椭圆(见图 3.13),长短半轴分别是 a,b,地球地心位于椭圆一个焦点处。根据弧长公式,椭圆轨道可表为如下椭圆积分:

$$L = 4\int_0^{\pi/2} \sqrt{(a^2 \sin^2 t + b^2 \cos^2 t)}\,\mathrm{d}t$$

试计算卫星轨道长度。已知长短半轴 $a=7782.5$,$b=7721.5$ (km)。

对预先建立的函数文件 star.m 进行调用,

计算某区间上的定积分得到卫星轨道长度。

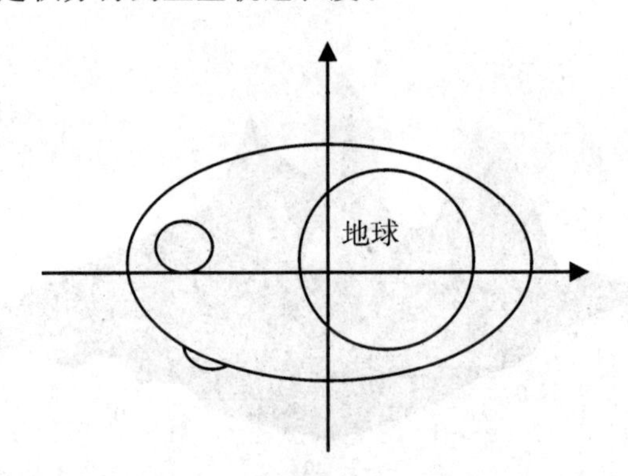

图 3.13　卫星轨道示意图

3.7.2　建模求解

```
%实验函数:三角函数 sqrt(a^2 * sin(t).^2+b^2 * cos(t).^2)
%实验目的:卫星轨道长度计算。
%主要命令:quad   quadl
%源程序:
%预先建立函数文件 star.m 以备进行调用
function   y=star(t)
a=7782.5;
b=7721.5;
y=sqrt(a^2 * sin(t).^2+b^2 * cos(t).^2);
%对预先建立的函数文件 star.m 进行调用,计算某区间上的定积分得到卫星轨道长度
t=0:pi/10:pi/2;  %区间五等分的复化梯形公式
```

```
y1＝star(t)；     %对预先建立的函数文件 satellite.m 进行调用
l1＝4 * quad('star',0,pi/2,1e－6)  %用自适应公式计算
l2＝4 * quadl('star',0,pi/2,1e－6) %用 gauss－lobatto 公式计算
%运行结果：
l1＝4.870744099903280e＋004   % km
l2＝4.870744099794189e＋004   % km
```

实验 3.8　用梯形公式和辛普森公式计算数值积分

3.8.1　模型问题

用梯形公式和辛普森公式计算由表 3.1 数据给出的积分 $\int_{0.3}^{1.5} y(x)\mathrm{d}x$：

表 3.1　数值积分数据

k	1	2	3	4	5	6	7
x_k	0.3	0.5	0.7	0.9	1.1	1.3	1.5
y_k	0.3985	0.6598	0.9147	1.1611	1.3971	1.6212	1.8325

3.8.2　建模求解

该积分的准确解为

$$\int_{0.3}^{1.5} (x + \sin x/3)\mathrm{d}x = [x^2/2 - \cos x/3]_{0.3}^{1.5} \approx 1.374866429$$

```
%源程序：
%梯形公式
x=[0.3 0.5 0.7 0.9 1.1 1.3 1.5];
y=[0.3985 0.6598 0.9147 1.1611 1.3971 1.6212 1.8325];
m=trapz(x,y)
%辛普森公式
y1=[y(2:2:6)];s1=sum(y1);
y2=[y(3:2:6)];s2=sum(y2);
z=(y(1)+y(7)+4 * s1+2 * s2) * 0.2/3
%准确值
((1.5)^2/2-cos(1.5)/3)-((0.3)^2/2-cos(0.3)/3)
%运行结果：
%梯形公式求解得到
```

m＝1.3793；

%普森公式求解得到

z＝1.3748666667

从而可知辛普森公式计算精度已经相当高。

实验 3.9 机翼加工断面的面积计算

3.9.1 模型问题

表 3.2 给出的 x，y 数据位于机翼断面的轮廓线上，$y1$ 和 $y2$ 分别对应轮廓的上下线。假设需要得到 x 坐标每改变 0.1 时的 y 坐标。试完成加工所需数据，画出曲线，求加工断面的面积。

表 3.2 节点数据

x	0	3	5	7	9	11	12	13	14	15
$y1$	0	1.8	2.2	2.7	3.0	3.1	2.9	2.5	2.0	1.6
$y2$	0	1.2	1.7	2.0	2.1	2.0	1.8	1.2	1.0	1.6

3.9.2 建模求解

根据表中所给的节点，分别利用拉格朗日、分段线性、三次样条插值来得到 x 坐标每改变 0.1 时的 y 坐标，然后用梯形求积公式可求得机翼加工断面的面积。

```
%源程序：
function ans=f310()
x0=[0 3 5 7 9 11 12 13 14 15];
x=0:0.1:15;
y10=[0 1.8 2.2 2.7 3.0 3.1 2.9 2.5 2.0 1.6];
y20=[0 1.2 1.7 2.0 2.1 2.0 1.8 1.2 1.0 1.6];
[y11,y12,y13]=chazhi(x0,y10,x);
[y21,y22,y23]=chazhi(x0,y20,x);
n=length(x);
sum1=0;sum2=0;sum3=0;
for i=1:n
    sum1=trapz(x,y11)-trapz(x,y21);%sum1=sum1+(y11(i)-y21(i))*
    0.1;
    sum2=sum2+(y12(i)-y22(i))*0.1;
```

```
    sum3=sum3+(y13(i)-y23(i))*0.1;
end
ans=[sum1;sum2;sum3];
%运行结果:
ans=
  40.3044(拉格朗日插值)
  10.7500(分段线性插值)
  11.3444(三次样条插值)
```

%结果解释:因为高次拉格朗日插值有龙格现象,所以第一个结果误差较大。用三次样条插值获得的面积约为 11.3444,此结果最精确。

实验 3.10　国土面积计算

3.10.1　模型问题

图 3.14 是一个欧洲国家的地图轮廓:

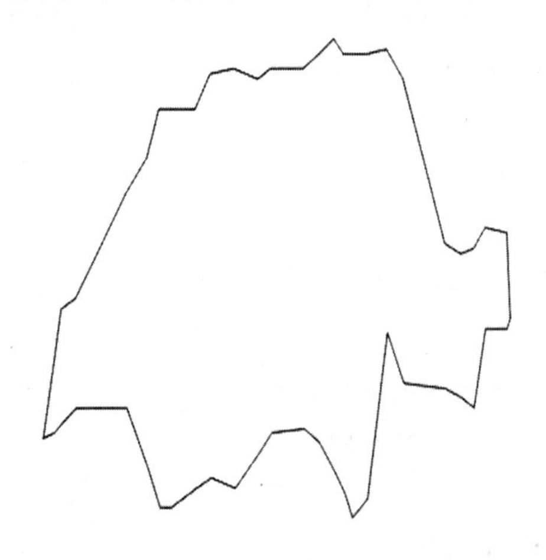

图 3.14　国土轮廓示意图

为了算出它的国土面积,首先对地图作如下测量:以由西向东方向为 x 轴,由南到北方向为 y 轴,选择方便的原点,并将从最西边界点到最东边界点在 x 轴上的区间适当地划分为若干段,在每个分点的 y 方向测出南边界点和北边界点的 y 坐标 $y1$ 和 $y2$,这样就得到了表 3.3 中的数据(单位 mm)。根据地图的比例我们知道 18 mm 相当于 40 km,试由测量数据计算该国国土的近似面积,与它的精确值 41288 km^2 比较。

表 3.3 测量数据

x	7.0	10.5	13.0	17.5	34.0	40.5	44.5	48.0	56.0	61.0	68.5	76.5	80.5	91.0
y_1	44	45	47	50	50	38	30	30	34	36	34	41	45	46
y_2	44	59	70	72	93	100	110	110	110	117	118	116	118	118
x	96.0	101.0	104.0	106.5	111.5	118.0	123.5	136.5	142.0	146.0	150.0	157.0	158.0	
y_1	43	37	33	28	32	65	55	54	52	50	66	66	68	
y_2	121	124	121	121	121	122	116	83	81	82	86	85	68	

3.10.2 建模求解

根据表中所给的节点，分别利用拉格朗日、分段线性、三次样条插值来得到 x 坐标每改变 1 mm 时的 y 坐标，然后用梯形求积公式可求得地图上该国家国土的近似面积，然后换算单位得到该国家实际国土近似面积。

```
%源程序：
function ans=f311()
x0=[7.0 10.5 13.0 17.5 34.0 40.5 44.5 48.0 56.0 61 68.5 76.5 80.5 91 96 101 104 106.5 111.5 118.5 123.5 136.5 142 146 150 157 158];
x=7:158;
y10=[44 45 47 50 50 38 30 30 34 36 34 41 45 46 43 37 33 28 32 65 55 54 52 50 66 66 68];
y20=[44 59 70 72 93 100 110 110 110 117 118 116 118 118 121 124 121 121 121 122 116 83 81 82 86 85 68];
[y11,y12,y13]=chazhi(x0,y10,x);
[y21,y22,y23]=chazhi(x0,y20,x);
n=length(x);
sum1=0;sum2=0;sum3=0;
for i=1:n
%sum1=sum1+((y21(i)-y11(i))/18)*40*(40/18);
    sum2=sum2+((y22(i)-y12(i))/18)*40*(40/18);
    sum3=sum3+((y23(i)-y13(i))/18)*40*(40/18);
end
ans=[sum1;sum2;sum3];
%运行结果：
ans=
  1.0e+004 *
```

0

4.2445(分段线性插值)

4.2489(三次样条插值)

%结果解释:用分段线性插值结合辛普生积分公式计算,面积为 42445 平方公里,用三次样条插值结合辛普生积分公式计算,面积为 42489 平方公里。

实验 3.11　桥梁上的车流量计算

3.11.1　模型问题

在桥梁的一端每隔一段时间记录一分钟有几辆车过桥,得到以下数据:

时间	车辆数	时间	车辆数	时间	车辆数
0:00	2	9:00	12	18:00	22
2:00	2	10:30	5	19:00	10
4:00	0	11:30	10	20:00	9
5:00	2	12:30	12	21:00	11
6:00	5	14:00	7	22:00	8
7:00	8	16:00	9	23:00	9
8:00	25	17:00	28	24:00	3

试估计一天通过桥梁的车流量。

3.11.2　建模求解

先将时间的单位换算成分钟,根据表中所给的节点,分别利用拉格朗日、分段线性、三次样条插值来得到时间每改变 1 分钟时过桥的车辆数,然后对一天的时间以分为单位求和,即可得到一天内通过桥梁的车流量。

%源程序:

```
function ans=f312()
x0=[0 120 240 300 360 420 480 540 630 690 750 840 960 1020 1080 1140 1200
1260 1320 1380 1440];
x=0:1440;
y1=[2 2 0 2 5 8 25 12 5 10 12 7 9 28 22 10 9 11 8 93];
[y11,y12,y13]=chazhi(x0,y1,x);
n=length(x);
```

```
sum1=0;sum2=0;sum3=0;
for i=1:n
%sum1=sum1+y11(i);
    sum2=sum2+y12(i);
    sum3=sum3+y13(i);
end
ans=[sum1;sum2;sum3];
%运行结果:
ans=
  1.0e+004 *
        0
  1.2993(分段线性插值)
  1.2671(三次样条插值)
```

%结果解释:用分段线性插值结合辛普生积分公式计算,车流量为 12993 辆,用三次样条插值结合辛普生积分公式计算,车流量为 12671 辆。

第4章　常微分方程

实验4.1　改进欧拉方法

%实验目的:应用改进的 Euler 方法求解常微分方程 dy=x.^2－y

%主要命令:MendEuler

%预先建立函数文件 w204f.m 以备进行调用

```
function dy=f(x,y)
dy=x.^2-y;
```

%对预先建立的函数文件 w204f.m 进行调用，求解常微分方程 dy=x.^2－y

%源程序:

%改进的 Euler 方法,a,b 为区间端点,N 为等分个数,ya 为初值,E 为向量自变量 X 和解 Y 组成的矩阵

```
function E=MendEuler(f,a,b,N,ya)
f=@w204f;a=0;b=1;N=10;ya=1
h=(b-a)/N
y=zeros(1,N+1)
x=zeros(1,N+1)
y(1)=ya
x=a:h:b
for i=1:N
    y1=y(i)+h*feval(f,x(i),y(i));
    y2=y(i)+h*feval(f,x(i+1),y(1));
    y(i+1)=(y1+y2)/2
end
E=[x',y']
```

%运行结果:

```
ans=
  0                   1.00000000000000
  0.10000000000000    0.90050000000000
  0.20000000000000    0.80797500000000
```

```
0.30000000000000    0.72407625000000
0.40000000000000    0.65037243750000
0.50000000000000    0.58835381562500
0.60000000000000    0.53943612484375
0.70000000000000    0.50496431860156
0.80000000000000    0.48621610267148
0.90000000000000    0.48440529753791
1.00000000000000    0.50068503266101
```

实验 4.2 四阶龙格—库塔经典公式

```
%实验目的:应用 Rungekutta 方法求解常微分方程 dy=x.^2-y
%主要命令:Rungekutta
%预先建立函数文件 w204f.m 以备进行调用
function dy=f(x,y)
dy=x.^2-y;
%对预先建立的函数文件 w204f.m 进行调用,求解常微分方程 dy=x.^2-y
%源程序:
function R=Rungekutta4(f,a,b,N,ya)
f=@ w204f.;a=0;b=1;N=10;ya=1
h=(b-a)/N
x=zeros(1,N+1)
y=zeros(1,N+1)
y(1)=ya
x=a:h:b
for i=1:N
    k1=feval(f,x(i),y(i));
    k2=feval(f,x(i)+h/2,y(i)+(h/2)*k1);
    k3=feval(f,x(i)+h/2,y(i)+(h/2)*k2);
    k4=feval(f,x(i)+h,y(i)+h*k3);
    y(i+1)=y(i)+(h/6)*(k1+2*k2+2*k3+k4)
end
R=[x',y']
%运行结果:
R=
```

```
0                  1.00000000000000
0.10000000000000   0.90516270833333
0.20000000000000   0.82126949543490
0.30000000000000   0.74918214540891
0.40000000000000   0.68968043282976
0.50000000000000   0.64346992697394
0.60000000000000   0.61118905338161
0.70000000000000   0.59341548342252
0.80000000000000   0.59067191581466
0.90000000000000   0.60343130795928
1.00000000000000   0.63212160944893
```

实验 4.3　五级四阶龙格—库塔公式命令 ode45 的直接调用

```
%实验目的:应用五级四阶 Runge—Kutta 方法求解常微分方程 dy=y-2*x/y
%主要命令:ode45
%预先建立函数文件 a350l1.m 以备进行调用
function dy=f(x,y)
dy=y-2*x/y;
%对预先建立的函数文件 a350l1.m 进行调用,求解常微分方程 dy=y-2*x/y
%源程序:
x=0:0.2:1;
y0=1;
[x,y]=ode45(@a350l3,x,y0);
[x,y]
%运行结果:
ans=
  0                  1.00000000000000
  0.20000000000000   1.18321595968611
  0.40000000000000   1.34164079091826
  0.60000000000000   1.48323970302437
  0.80000000000000   1.61245155675691
  1.00000000000000   1.73205081676653
```

实验 4.4 五级四阶龙格－库塔公式命令 ode45 的直接调用

```
%实验目的:应用五级四阶 Runge－Kutta 方法求解常微分方程 dy＝x＋y
%主要命令:ode45
%预先建立函数文件 a38251f.m 以备进行调用
functiondy＝f(x,y)
dy＝x＋y;
%对预先建立的函数文件 a38251f.m 进行调用，求解常微分方程 dy＝x＋y;
%源程序:
x＝0:0.2:1;
y0＝1;
[x,y]＝ode45(@a38251f,x,y0);
[x,y]
%运行结果:
ans＝
  0                   1.00000000000000
  0.20000000000000    1.24280551745949
  0.40000000000000    1.58364939806526
  0.60000000000000    2.04423760587924
  0.80000000000000    2.65108186528758
  1.00000000000000    3.43656366959418
```

实验 4.5 刚性方程龙格－库塔公式命令 ode23s 的直接调用

```
%实验目的:应用 ode23s 龙格库塔公式求解刚性方程(stiff  ODE)
%主要命令:ode23s
%预先建立函数文件 stiff1.m 以备进行调用
function dx＝stiff1(t,x)
dx＝[x(1)＋2*x(2);－(10^6＋1)*x(1)－(10^6＋2)*x(2)];
%对预先建立的函数文件 stiff1.m 进行调用,计算解析解 A,专用 ODE23S 解 B,普通 ode23 解 C. 可见 C 需要很长时间算出.
%源程序:
t＝0:0.1:1;
x1＝(10^6＋1)*exp(－t)－exp(－10^6*t);
```

```
x2=-(10^6/4+1)*exp(-t)+(10^6+1)/2*exp(-10^6*t);
A=[t;x1;x2]'
x0=[10^6/4,10^6/4-1/2];
[t,x]=ode23s(@stiff1,t,x0);
B=[t,x]
[t,y]=ode23(@stiff1,t,x0);
C=[t,y]
%运行结果:
A=
  1.0e+006 *
     0          1.0000    0.2500
     0.0000     0.9048   -0.2262
     0.0000     0.8187   -0.2047
     0.0000     0.7408   -0.1852
     0.0000     0.6703   -0.1676
     0.0000     0.6065   -0.1516
     0.0000     0.5488   -0.1372
     0.0000     0.4966   -0.1241
     0.0000     0.4493   -0.1123
     0.0000     0.4066   -0.1016
     0.0000     0.3679   -0.0920
B=
  1.0e+005 *
     0          2.5000    2.5000
     0.0000     2.2621   -2.2621
     0.0000     2.0467   -2.0467
     0.0000     1.8519   -1.8519
     0.0000     1.6756   -1.6756
     0.0000     1.5161   -1.5161
     0.0000     1.3717   -1.3717
     0.0000     1.2411   -1.2411
     0.0000     1.1230   -1.1230
     0.0000     1.0161   -1.0161
     0.0000     0.9194   -0.9194
```

```
C=
    1.0e+005 *
    0         2.5000    2.5000
    0.0000    2.2621   -2.2612
    0.0000    2.0468   -2.0485
    0.0000    1.8521   -1.8500
    0.0000    1.6758   -1.6779
    0.0000    1.5163   -1.5147
    0.0000    1.3720   -1.3731
    0.0000    1.2415   -1.2411
    0.0000    1.1233   -1.1231
    0.0000    1.0164   -1.0171
    0.0000    0.9197   -0.9197
```

实验 4.6 应用 dsolve 命令求常微分方程的符号解

```
%实验目的:应用 dsolve 命令求解常微分方程的符号解 diff
%主要命令:diff    dsolve
%源程序:
syms x t
diff_equ='x^2+y+(x-2*y)*Dy=0';
y1=dsolve(diff_equ)
y2=dsolve(diff_equ,'x')
%运行结果:
y1=
-1/2*(2*lambertw(-2/x/(1+2*x)*exp(-2*x/(1+2*x)-1/x/(1+2*x)*t-1/x/(1+2*x)*C1))*x+2*x+lambertw(-2/x/(1+2*x)*exp(-2*x/(1+2*x)-1/x/(1+2*x)*t-1/x/(1+2*x)*C1)))*x
y2=
1/2*x-1/6*(9*x^2+12*x^3+36*C1)^(1/2)
1/2*x+1/6*(9*x^2+12*x^3+36*C1)^(1/2)
```

实验 4.7 应用 dsolve 命令求常微分方程的符号解

```
%实验目的:应用 dsolve 求解常微分方程 diff
```

```
%主要命令:dsolve
%源程序:
%y‴－y″＝x 的初始解
syms x y z a
diff_equ='D3y－D2y＝x';
y＝dsolve(diff_equ,'y(1)＝8','Dy(1)＝7,D2y(2)＝4','x')
%运行结果:
y＝－1/6 * x^3＋7 * exp(x)/exp(2)－1/2 * x^2－1/2 * (－17 * exp(2)＋14 * exp(1))/exp(2) * x＋1/6
```

实验 4.8　应用 dsolve 命令求常微分方程组的符号解

```
%实验目的:应用 dsolve 求解常微分方程组 diff
%主要命令:diff　dsolve
%源程序:
%应用 dsolve 求解常微分方程组 diff
diff_equ1＝'D2f＋3 * g＝sin(x)';
diff_equ2＝'Dg＋Df＝cos(x)';
[gern_f,gern_g]＝dsolve(diff_equ1,diff_equ2,'x')
[f,g]＝dsolve(diff_equ1,diff_equ2,'Df(2)＝0,f(0)＝0,g(0)＝0','x')
%运行结果:
gern_f＝
1/3 * C2 * 3^(1/2) * exp(3^(1/2) * x)－1/3 * C1 * 3^(1/2) * exp(－3^(1/2) * x)＋1/2 * sin(x)＋C3
gern_g＝
－1/3 * C2 * 3^(1/2) * exp(3^(1/2) * x)＋1/3 * C1 * 3^(1/2) * exp(－3^(1/2) * x)＋1/2 * sin(x)
f＝
－1/6 * cos(2) * (cosh(2 * 3^(1/2))＋sinh(2 * 3^(1/2)))/(1＋cosh(4 * 3^(1/2))＋sinh(4 * 3^(1/2))) * 3^(1/2) * exp(3^(1/2) * x)＋1/6 * cos(2) * (cosh(2 * 3^(1/2))＋sinh(2 * 3^(1/2)))/(1＋cosh(4 * 3^(1/2))＋sinh(4 * 3^(1/2))) * 3^(1/2) * exp(－3^(1/2) * x)＋1/2 * sin(x)
g＝
1/6 * cos(2) * (cosh(2 * 3^(1/2))＋sinh(2 * 3^(1/2)))/(1＋cosh(4 * 3^(1/2))＋sinh(4 * 3^(1/2))) * 3^(1/2) * exp(3^(1/2) * x)－1/6 * cos(2) * (cosh(2 * 3^(1/2))
```

```
+sinh(2*3^(1/2)))/(1+cosh(4*3^(1/2))+sinh(4*3^(1/2)))*3^(1/2)*exp(-
3^(1/2)*x)+1/2*sin(x)
```

实验 4.9 应用 dsolves 命令求常微分方程组的符号解

```
%实验目的:应用 dsolves 求解常微分方程组 diff
%主要命令:dsolves
%预先建立函数文件 dsolves.m 以备进行调用
%可对角化矩阵为系数矩阵的微分线性方程组
function y=dsolves(A)
syms t real
d=eig(A)
[v,n]=eig(A);
y=exp(d*t)'*v;
%对预先建立的函数文件 dsolves.m 进行调用，求解常微分方程组 diff
%源程序:
A=[3 5;-5 3];
X=dsolves(A)
%运行结果:
d=3.0000 + 5.0000i
  3.0000 - 5.0000i
X=
[-1/2*i*exp((3-5*i)*t)*2^(1/2)+1/2*exp((3+5*i)*t)*2^(1/2),
1/2*i*exp((3-5*i)*t)*2^(1/2)+1/2*exp((3+5*i)*t)*2^(1/2)]
```

实验 4.10 弱肉强食的伏尔泰拉(Volterra)方程

4.10.1 模型问题

自然界存在的生物法则是“弱肉强食，适者生存”。某个种群如马赛马拉草原上的角马依靠丰富的自然资源如植物生存，称为“食饵”(prey)；另一种群如狮子依靠捕食前者为生，称为“捕食者”(predator)，二者构成食饵-捕食者系统。种群数量相互依存、相互消长，如何变化呢？其最简单而经典的模型是意大利数学家伏尔泰拉(Volterra)于20世纪20年代建立的。

4.10.2　建模求解

(1)标记某区域内时刻 t 年的食饵密度为 $x(t)$，捕食者密度为 $y(t)$，并设食饵独立生存时自然增长率为常数 $r>0$，即 $\dot{x}=\frac{dx}{dt}=rx$，由于捕食者的存在，食饵会减少，实际上的增长率要小。设食饵减少的数量与捕食者密度 $y(t)$ 成正比，比例系数为常数 $a>0$，则食饵实际增长率为 $\dot{x}=\frac{dx}{dt}=(r-ay)x$；

(2)捕食者离开食饵将会死亡。设捕食者独自存在时死亡率为常数 $c>0$，即 $\dot{y}=\frac{dy}{dt}=-cy$；由于食饵支持了捕食者生存，捕食者死亡率会下降，设捕食者减少的死亡数量与食饵密度 $x(t)$ 成正比，比例系数为常数 $b>0$，则 $\dot{y}=\frac{dy}{dt}=-(c-bx)y$，实际上，当 $bx>c$ 时，捕食者密度将增长。若给定初始时刻食饵和捕食者密度分别是 x_0，y_0，则我们有常微分方程组的初值问题：

$$\begin{cases}\dot{x}=\dfrac{dx}{dt}=(r-ay)x=rx-axy\\ \dot{y}=\dfrac{dy}{dt}=-(c-bx)y=-cy+bxy\\ x(0)=x_0, y(0)=y_0.\end{cases}$$

本二元方程组描述了食饵和捕食者密度随着时间演变的过程，其解析解(符号解)亦难以获得，我们用数值算法求解。

4.10.3　程序设计

%给定初始参数 r=1,c=0.5;a=0.1,b=0.02；初始密度 $x_0=25$，$y_0=2$。

(1)应用五级四阶龙格库塔公式求解捕食问题并画出解曲线

```
%实验目的:应用五级四阶龙格库塔公式求解捕食问题并画出解曲线
%主要命令:ode45
%首先建立 M 文件:
%源程序:
%预先建立函数文件 shier.m 以备进行调用
function xdot=shier(t,x)
r=1
c=0.5;
a=0.1
b=0.02;
xdot=diag([r-a*x(2),-c+b*x(1)])*x;
```

%对预先建立的函数文件 shier.m 进行调用，计算食饵和捕食者密度随时间的演变函数

```
ts=0:0.1:15;
x0=[25,2];
[t,x]=ode45(@shier,ts,x0);
[t,x];
plot(t,x),grid
gtext('\fontsize{12}x(t)'),gtext('\fontsize{12}y(t)');
xlabel('t'),ylabel('x,y')
title('Altay:弱肉强食问题的 Volterra 方程解曲线')
```

%运行结果如图 4.1 所示：

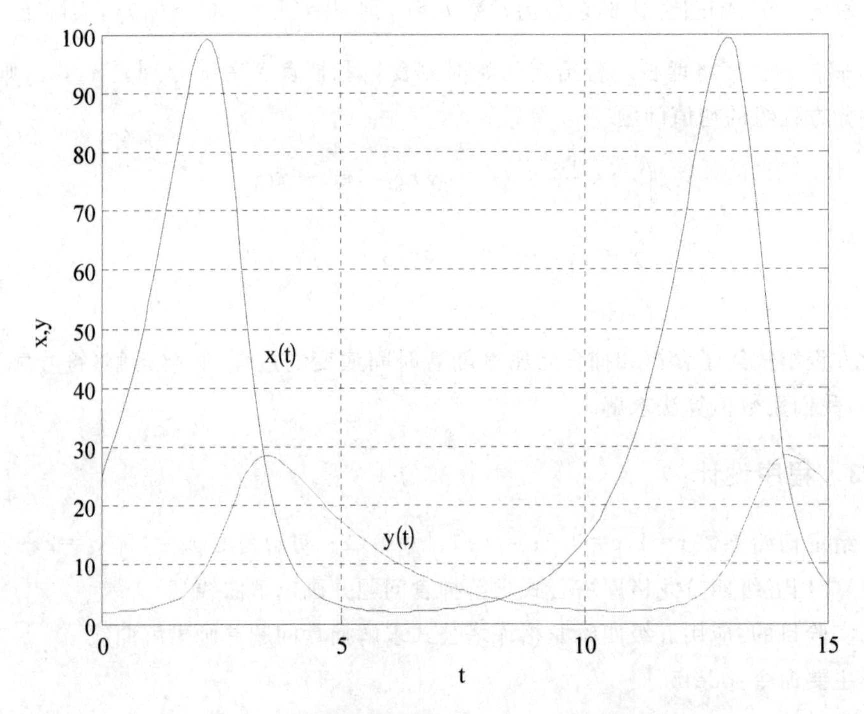

图 4.1　弱肉强食问题的 Volterra 方程解曲线

%结果分析

%由解曲线图像大致可见图 4.1

食饵密度 x(t)和捕食者密度 y(t)都近似周期函数曲线，这意味着食饵和捕食者密度随时间的演变规律呈现“周期性变化”，即生物周而复始，此起彼伏。这与我们的常识是一致的。更精确地，还可以估计周期大约是 10.7。

(2)应用五级四阶龙格库塔公式求解捕食问题并画出相图

%实验目的：应用五级四阶龙格库塔公式求解捕食问题并画出相图，绘出背景虚线格，用大字体标注函数名

```
%主要命令:ode45
%预先建立函数文件 shier.m 以备进行调用
function xdot=shier(t,x)
r=1
d=0.5;
a=0.1
b=0.02;
xdot=diag([r-a*x(2),-d+b*x(1)])*x;
```

%对预先建立的函数文件 shier.m 进行调用,计算食饵和捕食者密度随时间的演变函数

```
%源程序:
ts=0:0.1:15;
x0=[25,2];
[t,x]=ode45(@shier,ts,x0);
[t,x];
plot(x(:,1),x(:,2)),grid;
gtext('\fontsize{12}y(x)');
xlabel('x'),ylabel('y')
title('Altay:弱肉强食问题的 Volterra 方程相轨线')
%运行结果,运行结果如图 4.2 所示:
```

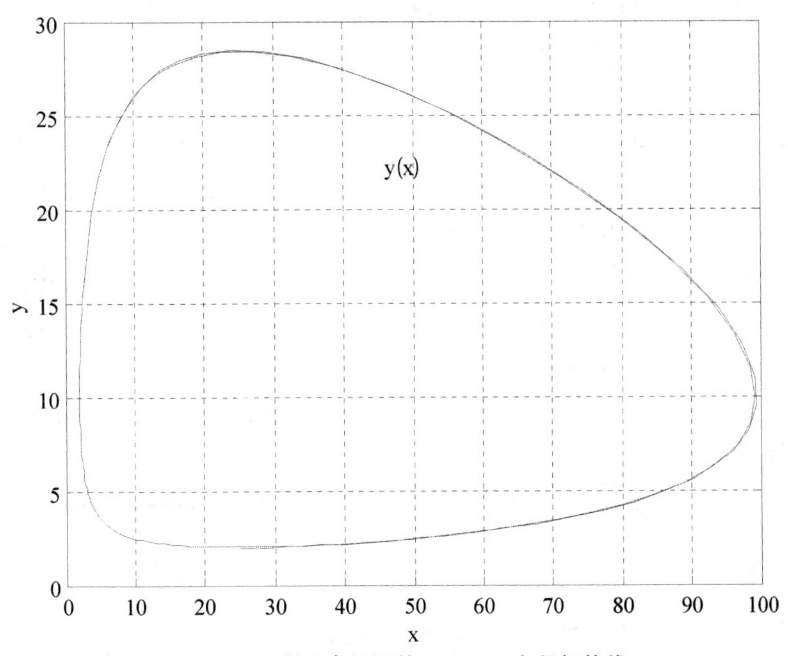

图 4.2　弱肉强食问题的 Volterra 方程相轨线

%结果分析

%由图 4.2 大致可见，相轨线呈现“封闭曲线”状态，这表明食饵密度 $x(t)$ 与捕食者密度 $y(t)$ 的确是周期函数，“物极必反”。

实验 4.11 火箭飞行模型

4.11.1 模型问题

小型火箭初始重量为 1400kg，其中包括 1080kg 燃料。火箭竖直向上发射时燃料燃烧率为 18kg/s，由此产生 32000N 的推力，火箭引擎在燃料用尽时关闭。设火箭上升时空气阻力正比于速度的平方，比例系数为 0.4kg/m，求引擎关闭瞬间火箭的高度、速度、加速度，及火箭到达最高点时的高度和加速度，并画出高度、速度、加速度随时间变化的图形。

4.11.2 建模求解

【模型假设】

(1)假设火箭在飞行过程中重力加速度的数值不变，恒为 9.8m/s^2（由于火箭飞行时间较短，其飞行前后的高度差所导致的重力加速度的数值在一定误差允许范围内可认为不变）；

(2)认为火箭上升时所受空气阻力与速度平方的比例系数为常数，即 0.4kg/m；

(3)认为火箭在飞行过程中所受的力只有自身重力（火箭体和燃料）、推力（引擎工作时）和空气阻力，其它力的影响很小，可以忽略。

【模型建立】

以火箭为研究对象，进行牛顿动力学分析（矢量未加说明时以竖直向上为正方向）：

(1)在火箭燃料未燃尽、引擎工作时，火箭上升过程中受到 3 个力作用：重力 G、空气阻力 f 和推力 F。其中推力 F 为常量：$F=32000N$；空气阻力正比于速度的平方，$f=kv^2$，k 认为是常量，即 $k=0.4\text{kg/m}$；重力 $G=(M-mt)\text{g}$，$M=1400\text{kg}$ 为火箭初始重量，$m=18\text{kg/s}$ 为燃料燃烧率，t 为火箭发射后的飞行时间，g 为重力加速度，由模型假设，认为 $\text{g}=9.8\text{N/kg}$ 为常量。

开始发射后火箭具有向上的加速度，速度不断增大，阻力也随着不断增大；由牛顿第二定律 $F_{合}=ma$ 可知：

$$F_{合}=F-(M-mt)\text{g}-kv^2=(M-mt)a$$

又由 $\frac{\text{d}v}{\text{d}t}=a$，整理得

$$\frac{\text{d}v}{\text{d}t}=\frac{F-kv^2}{M-mt}-\text{g}$$

设火箭飞行高度为 h，则有 $\frac{dh}{dt}=v$。火箭在刚发射时高度 $h_0=0$，速度 $v_0=0$，故可得火箭在燃料未燃尽、引擎工作时段的常微分方程组

$$\begin{cases}\frac{dv}{dt}=\frac{F-kv^2}{M-mt}-g \\ \frac{dh}{dt}=v \\ h(0)=0\ ,\quad v(0)=0\end{cases} \tag{1}$$

而加速度 $a=\frac{dv}{dt}$则可以根据

$$a=\frac{dv}{dt}=\frac{F-kv^2}{M-mt}-g$$

求出。

(2)火箭燃料燃尽，引擎关闭时，火箭不再受到推力 F 的作用。同理可以分析得到

$$\begin{cases}\frac{dv}{dt}=\frac{-kv^2}{M_0}-g \\ \frac{dh}{dt}=v\end{cases} \tag{2}$$

其中 h,v 的初值由第 1 问的结果给出，而加速度 a 则可以根据 $a=\frac{dv}{dt}=\frac{-kv^2}{M_0}-g$ 求出(上式中 M_0 为火箭本身的质量)。

【模型求解】

(1)对模型进行函数抽象。根据题意对火箭飞行的两个阶段分别进行函数抽象，并编写两个函数 M 文件。记火箭引擎工作阶段：$x1(1)=v1$ 即第一阶段的速度，$x1(2)=h1$ 即第一阶段的高度，$x1=(x1(1),x1(2))$；火箭引擎关闭阶段：$x2(1)=v2$ 即第二阶段的速度，$x2(2)=h2$ 即第二阶段的高度，$x2=(x2(1),x1(2))$。得到火箭飞行的两个阶段的函数 M 文件如下：

```
%第一阶段
function dx=huojian1(t,x)
M=1400;m=18;F=32000;k=0.4;g=9.8;
dx=[(F-k*x(1)*x(1))/(M-m*t)-g;x(1)];
end
%第一阶段
function dx=huojian2(t,x)
k=0.4;g=9.8;M0=320;
dx=[(-k*x(1)*x(1))/M0-g;x(1)];
end
```

(2)$t1$ 的确定以及 $t2$ 的终点试探、调整。首先由已知条件可以求出火箭引擎工作

的时段 $t1$ 终点。已知燃料总质量为 1080kg，燃料燃烧率为 $m=18\text{kg/s}$，故，即为火箭引擎工作的时段终点。对于火箭引擎关闭的时段的终点，即达到最大高度的时间，则需要进行 t 的终点试探、调整。由火箭第一阶段飞行的时长，先大体估计火箭第二阶段飞行的终点为 100s，用 Matlab 编程求解出对应的速度的数值解（试探程序代码略），得到表 4.11：0～80s 时段 t 与 v 的数据关系（用于 t 的终点试探）：

表 4.1　0～80s 时段 t 与 v 的数据关系

时间 t	火箭上升速度 v
0.000	0.000
0.100	1.307
0.200	2.617
0.300	3.930
0.400	5.245
0.500	6.563
…	…
60.000	267.257
60.100	257.669
60.200	248.679
60.300	240.231
…	…
71.000	3.124
71.100	2.143
71.200	1.163
71.300	0.183
71.400	−0.797
71.500	−1.777
71.600	−2.758
…	…
79.800	−120.863
79.900	−123.721
80.000	−126.671

从以上数据表可知，当 $t=71.3$s 时，火箭的速度近乎为 0，故得到火箭飞行的两个时段分别为：0～60s，60s～71.3s。

(3)用龙格－库塔方法求数值解。在 Matlab 命令窗口中编写如下代码：

```
ts1=0:0.1:60;
ts2=60:0.1:71.3;
x10=[0,0];
[t1,x1]=ode45(@huojian1,ts1,x10);% 调用 ode45 计算火箭第一阶段的飞行数据
v1=x1(:,1);
h1=x1(:,2);                    % 得到第一阶段的速度 v1,高度 h1 数据
length_t1=length(t1);
x20=[v1(length_t1),h1(length_t1)];% 用第一阶段的计算结果计算第二阶段的初值
[t2,x2]=ode45(@huojian2,ts2,x20);% 调用 ode45 计算火箭第二阶段的飞行数据
v2=x2(:,1);
h2=x2(:,2);% 得到第一阶段的速度 v2,高度 h2 数据
length_t2=length(t2);
v2=v2(2:length_t2);
t2=t2(2:length_t2);
h2=h2(2:length_t2);% 将 v2,t2,h2 数组的第一个数据剪切,否则与 v1,t1,h1 数据合并时第一阶段的最后一个数据会和第二个阶段的初始数据重复
t=[t1;t2];
v=[v1;v2];
h=[h1;h2];% 将火箭第一阶段和第二阶段的时间,速度,高度数据进行合并
F=32000;M=1400;m=18;k=0.4;g=9.8;M0=320;
a1=(F-k*(v1.*v1))./(M-m*t1)-g;
a2=(-k*v2.*v2)/M0-g;
a=[a1;a2];
plot(t,h,'r');grid
xlabel('时间 t')
ylabel('火箭高度 h')
title('火箭高度随时间变化的图形(全过程)')
gtext('h(t)')
pause
```

```
plot(t,v,'r');grid;
xlabel('时间 t')
plot(t,h,'r');grid
xlabel('时间 t')
ylabel('火箭高度 h')
title('火箭高度随时间变化的图形(全过程)')
gtext('h(t)')
pause
plot(t,v,'r');grid
xlabel('时间 t')
ylabel('火箭速度 v')
title('火箭速度随时间变化的图形(全过程)')
gtext('v(t)')
pause
plot(t,a,'r');grid
xlabel('时间 t')
ylabel('火箭加速度 a')
title('火箭加速度随时间变化的图形(全过程)')
gtext('a(t)')
```

【计算结果】

由以上程序可得在引擎关闭瞬间火箭的高度、速度、加速度，以及火箭达到最高点时的高度、速度、加速度数据如表4.2所示：

表4.2 引擎关闭瞬间以及火箭达到最高点时的高度、速度、加速度

引擎关闭瞬间	高度 $ht1$ (m)	1.21×10^4
	速度 $vt1$ (m/s)	267
	加速度 $at1$ (m/s^2)	0.9170
火箭到达最高点时	高度 $ht1$ (m)	1.31×10^4
	速度 $vt1$ (m/s)	0
	加速度 $at1$ (m/s^2)	-9.8000

由 Matlab 计算得到全过程火箭的高度、速度、加速度随时间变化的情况如表4.3(为节省篇幅只给出部分数据)，和图4.3—图4.5。

表 4.3　火箭飞行全过程的高度速度、加速度随时间变化情况

时间 t(s)	火箭高度 h(m)	火箭速度 m(s)	火箭加速度 a(m/s²)
第一阶段:火箭引擎工作阶段			
0.000	0.000	0.000	13.057
0.100	0.065	1.307	13.086
0.200	0.262	2.617	13.114
0.300	0.589	3.930	13.141
0.400	1.048	5.245	13.167
0.500	1.638	6.563	13.193
0.600	2.360	7.884	13.217
0.700	3.215	9.207	13.240
0.800	4.202	10.532	13.263
…	…	…	…
59.700	12109.645	266.984	0.919
59.800	12136.350	267.075	0.918
59.900	12163.063	267.166	0.918
第二阶段:火箭引擎关闭阶段			
60.000	12189.785	267.257	0.917
60.100	12216.026	257.669	−92.792
60.200	12241.338	248.679	−87.101
60.300	12265.780	240.231	−81.938
…	…	…	…
70.700	13113.485	5.909	−9.844
70.800	13114.026	4.925	−9.830
70.900	13114.470	3.943	−9.819
71.000	13114.815	2.961	−9.811
71.100	13115.062	1.980	−9.805
71.200	13115.211	1.000	−9.801
71.300	13115.262	0.020	−9.800

全部数据在以下的 Excel 电子表格中：

62.9	12703.78	118.7097	−27.415
63	12715.51	116.0081	−26.6223
63.1	12726.98	113.3837	−25.8698
63.2	12738.19	110.8327	−25.1548
63.6	12749.15	108.3515	−24.4751
63.4	12759.87	105.9367	−23.8282
63.5	12770.34	103.5851	−2302123
63.6	12780.58	101.2936	−22.6255
63.7	12790.6	99.05929	−22.0659
63.8	12800.4	96.87962	−21.5321
63.9	12809.98	94.75206	−21.0224
64	12819.35	92.67431	−20.5357

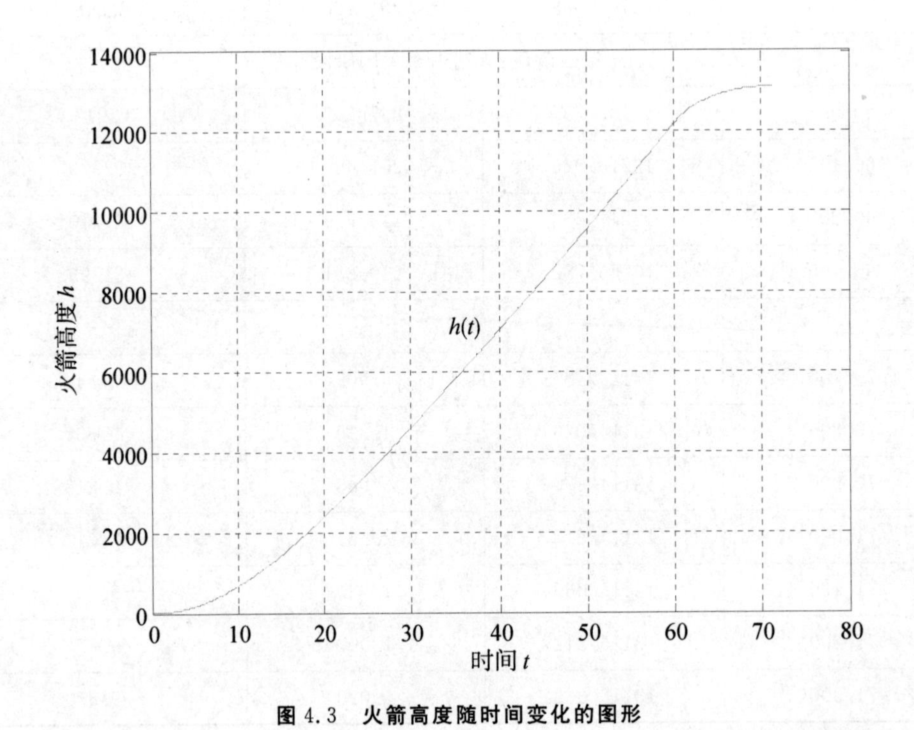

图 4.3　火箭高度随时间变化的图形

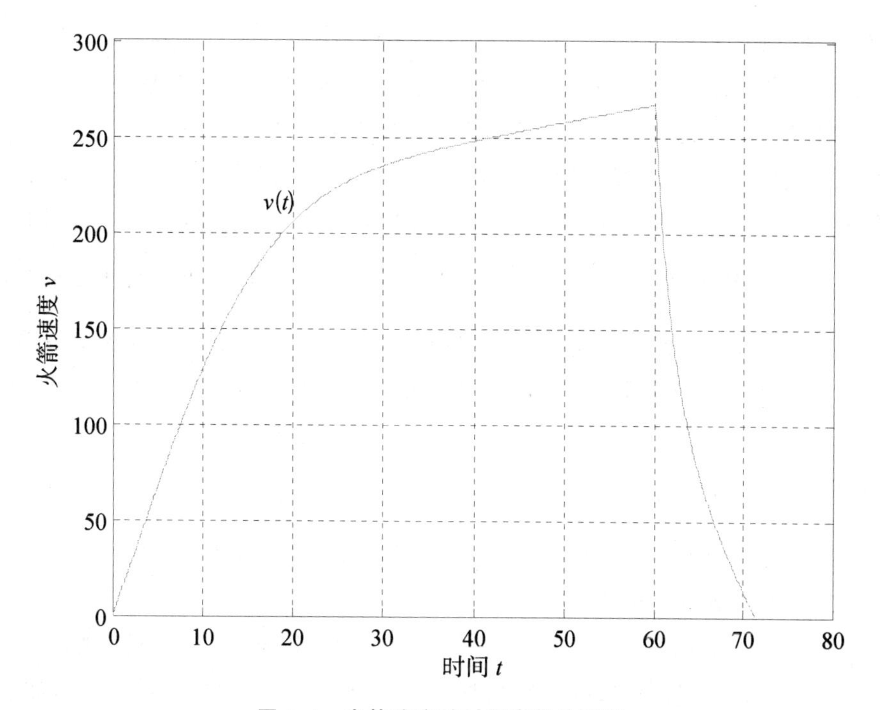

图 4.4 火箭速度随时间变化的图形

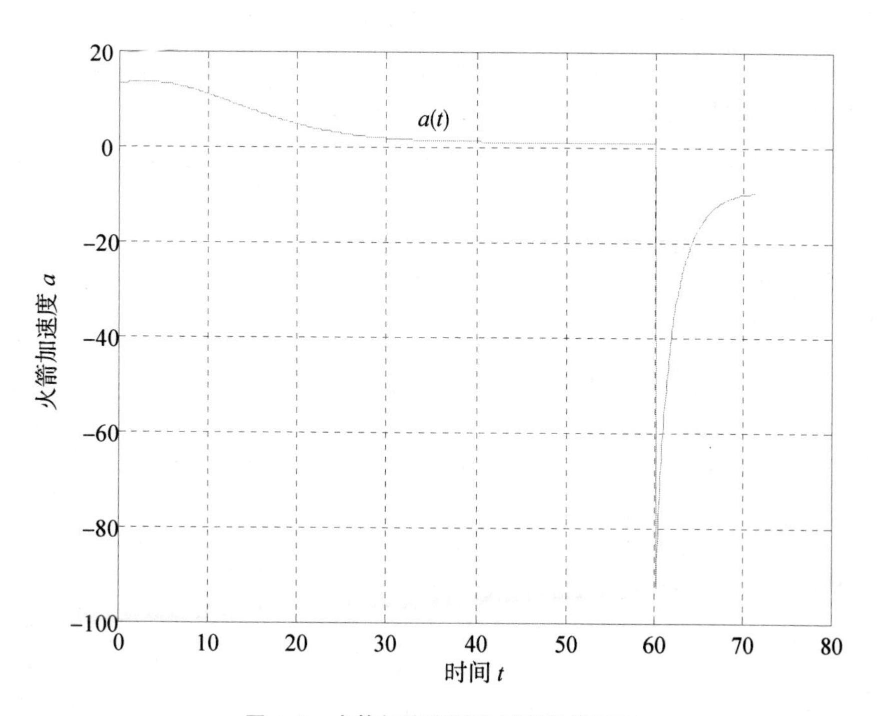

图 4.5 火箭加速度随时间变化的图形

【结果分析】

由数据表和曲线图可知，火箭的高度、速度、加速度变化情况在整个过程中明显分为两个阶段，对应于火箭引擎工作和引擎关闭两个飞行阶段。

由 $h(t)$ 图可见，从火箭发射到燃料用尽，火箭的高度不断增大，但第一阶段高度增加速度逐渐变大，即曲线斜率逐渐增大；而第二阶段高度增加速度明显变慢，即曲线斜率明显减小，最终趋于平缓。由 $v=\frac{\mathrm{d}h}{\mathrm{d}t}$ 可知，高度曲线斜率的变化即为速度值的变化。与速度变化曲线进行对比，可见高度曲线斜率的变化与速度曲线的变化是相一致的。

由 $v(t)$ 图可见，从火箭发射到燃料用尽，火箭的速度在前一阶段逐渐变大，而在后一阶段显著减小。而速度增加率，即曲线斜率，在前一阶段逐渐减小，趋于平缓；而后一阶段 $a=\frac{\mathrm{d}v}{\mathrm{d}t}$，由于速度在减小，故斜率为负值，其绝对值不断变小。由此可知，速度曲线斜率的变化即为加速度值的变化。与加速度变化曲线进行对比，可见速度曲线斜率的变化与加速度曲线的变化是相一致的。

由加速度 $a(t)$ 变化图可见，加速度大小在第一阶段逐渐减小，直至变为 0。这是因为随着速度增大，空气阻力也随着增大，加速度不断变小。在燃料燃尽之后，加速度发生突变，由接近于 0 突变为负值，这是由于引擎的推力突然减为 0，而速度在这一瞬间尚未减小，即空气阻力此刻尚未减小，故火箭所受合力向下，加速度为一负值。随着速度的减小，空气阻力减小，加速度的绝对值不断减小。与之对应，火箭速度在这一时段较快地减小，火箭所在高度也随着速度的不断较小至零而趋于最高点。

可见，MATLAB 求解结果与理论分析是一致的。

第 5 章　线性代数方程组

实验 5.1　基本高斯消去法(不选主元素)

%实验目的:建立消去法源程序,然后调用求解线性方程组

$$\begin{bmatrix} -3 & 2 & -1 \\ 6 & -6 & 7 \\ 3 & -4 & 4 \end{bmatrix} \begin{bmatrix} x_1 \\ x_2 \\ x_3 \end{bmatrix} = \begin{bmatrix} -1 \\ -7 \\ -6 \end{bmatrix}$$

%主要命令:GEshow

%源程序:

%建立不选主元素的高斯消去法库函数命令源程序:

```
%不选主元素的高斯消去法
%输入增广矩阵 Ab=[A b];ptol 为可调节的预设误差限,缺省默认为 50 * eps
%输出解向量(列向量形式,依下标增大顺序 x1,x1,...,xn 排列)
function x=GEshow(A,b,ptol)
if  nargin<3,ptol=50 * eps; end
[m,n]=size(A);
if m~=n, error('A matrix needs to be squre'); end
nb=n+1; Ab=[A b];
fprintf('elimination with Augemented system')
disp(Ab)
% Elimination 消元过程
for i=1:n-1
    pivot=Ab(i,i);
    if abs(pivot)<ptol,error('zero pivot encountered');end
    for k=i+1:n
        Ab(k,i:nb)=Ab(k,i:nb)-(Ab(k,i)/pivot) * Ab(i,i:nb);
        disp(Ab)
end
% Back substitution 回代过程
    x=zeros(n,1);
```

```
    x(n)=Ab(n,nb)/Ab(n,n);
    for i=n-1:-1:1
        x(i)=(Ab(i,nb)-Ab(i,i+1:n)*x(i+1:n))/Ab(i,i);
    end
end
%调用高斯消去法求解线性方程组
A=[-3 2 -1;6 -6 7;3 -4 4];b=[-1;-7;-6];
r=rank(A)
R=rank([A b])
x=GEshow(A,b)
%运行结果:
b=-1
   -7
   -6
r=3
R=3
elimination with Augemented system
   -3     2    -1    -1
    6    -6     7    -7
    3    -4     4    -6
   -3     2    -1    -1
    0    -2     5    -9
    3    -4     4    -6
   -3     2    -1    -1
    0    -2     5    -9
    0    -2     3    -7
   -3     2    -1    -1
    0    -2     5    -9
    0     0    -2     2
 x=
     2
     2
    -1
```

实验 5.2　列主元高斯消去法

%实验目的:建立选主元素高斯消去法源程序,然后调用求解线性方程组

$$\begin{bmatrix} -3 & 2 & -1 \\ 6 & -6 & 7 \\ 3 & -4 & 4 \end{bmatrix} \begin{bmatrix} x_1 \\ x_2 \\ x_3 \end{bmatrix} = \begin{bmatrix} -1 \\ -7 \\ -6 \end{bmatrix}$$

%主要命令:GEivshow

%源程序:

```
%建立消去法源程序:
%选主元素的高斯消去法
%输入增广矩阵 Ab=[A b];ptol 为可调节的预设误差限,缺省默认为 50 * eps
%输出解向量 x(列向量形式,依下标增大顺序 x1,x1,...,xn 排列)
function x=GEpivshow(A,b,ptol)
if  nargin<3,ptol=50 * eps; end
[m,n]=size(A);
if m~=n, error('A matrix needs to be squre'); end
nb=n+1; Ab=[A b];
fprintf('elimination with Augemented system')
disp(Ab)
% Elimination 消元过程
for i=1:n-1   %loop over pivot row
    [pivot,p]=max(abs(Ab(i:n,i)))% value and index of largest pivot
    ip=p+i-1;% p is index in subvector i:n,% p 为列标记
        if ip~=i   % ip is true row index of desired pivot
        fprintf('nswap rows;new pivot=Ab(ip,i)');
        Ab([i ip],:)=Ab([ip i],:); % perform the swap
    end
    pivot=Ab(i,i);
    if abs(pivot)<ptol,error('zero pivot encountered after row exchange');end
    for k=i+1:n % k=index of next row to be eliminated
        Ab(k,i:nb)=Ab(k,i:nb)-(Ab(k,i)/pivot) * Ab(i,i:nb);
        disp(Ab)
    end
% Back substitution 回代过程
```

```
    x=zeros(n,1); % preallocate memory for andinitialize x
    x(n)=Ab(n,nb)/Ab(n,n);
    for i=n-1:-1:1
        x(i)=(Ab(i,nb)-Ab(i,i+1:n) * x(i+1:n))/Ab(i,i);
    end
end
%调用选主元素的高斯消去法 GEpivshow(A,b)求解线性方程组
A=[-3 2 -1;6 -6 7;3 -4 4];b=[-1;-7;-6 ];
x=GEpivshow(A,b)
%运行结果:
elimination with Augemented system
   -3     2     -1     -1
    6    -6      7     -7
    3    -4      4     -6
pivot=6     %选出第一个列主元素(从第 2 行)
p=2     %选出第一个列主元素(从第 2 行)
nswap rows;new pivot=Ab(ip,i)
    6.00000000000000   -6.00000000000000    7.00000000000000
-7.00000000000000
    0                  -1.00000000000000    2.50000000000000
-4.50000000000000
    3.00000000000000   -4.00000000000000    4.00000000000000
-6.00000000000000
    6.00000000000000   -6.00000000000000    7.00000000000000
-7.00000000000000
    0                  -1.00000000000000    2.50000000000000
-4.50000000000000
    0                  -1.00000000000000    0.50000000000000
-2.50000000000000
pivot=1
p=1
    6.00000000000000   -6.00000000000000    7.00000000000000
-7.00000000000000
    0                  -1.00000000000000    2.50000000000000
-4.50000000000000
```

```
    0                0                -2.00000000000000
2.00000000000000
  x=  2
      2
     -1
```

实验 5.3　魔方矩阵(Magic Matrix)的 LU 分解

%实验目的:魔方矩阵的 LU 分解:生成 3,4,5 阶的魔方矩阵并作 LU 分解

%注记:3 阶魔方矩阵即我国古代数学典籍中所称“九宫阵”,也即《射雕英雄传》记载,南帝夫人瑛姑在沼泽中苦思冥想不得其解的矩阵。黄蓉一看即破解(郭靖当然要费点心思)。其特征是各行、列数目之和均为 15。我们还可构造更高维的魔方阵。如 4 阶魔方矩阵各行列数目之和均为 34。

%主要命令:magic(n);lu

%源程序:

```
%魔方矩阵的 LU 分解:生成 3,4,5 阶的魔方矩阵并作 LU 分解
A=magic(3)
B=magic(4)
C=magic(5)
[la,ua]=lu(A)
[lb,ub]=lu(B)
[lc,uc]=lu(C)
```

%运行结果:

```
A=
    8    1    6
    3    5    7
    4    9    2
B=
   16    2    3   13
    5   11   10    8
    9    7    6   12
    4   14   15    1
C=
```

```
    17   24    1    8   15
    23    5    7   14   16
     4    6   13   20   22
    10   12   19   21    3
    11   18   25    2    9
la=
    1.0000        0        0
    0.3750   0.5441   1.0000
    0.5000   1.0000
ua=
    8.0000   1.0000    6.0000
         0   8.5000   -1.0000
         0        0    5.2941
lb=
    1.0000        0        0        0
    0.3125   0.7685   1.0000   1.0000
    0.5625   0.4352   1.0000        0
    0.2500   1.0000        0        0
ub=
    16.0000    2.0000    3.0000   13.0000
          0   13.5000   14.2500   -2.2500
          0         0   -1.8889    5.6667
          0         0         0    0.0000
lc=
    0.7391   1.0000        0        0        0
    1.0000        0        0        0        0
    0.1739   0.2527   0.5164   1.0000        0
    0.4348   0.4839   0.7231   0.9231   1.0000
    0.4783   0.7687   1.0000        0        0
uc=
    23.0000    5.0000    7.0000   14.0000   16.0000
          0   20.3043   -4.1739   -2.3478    3.1739
          0         0   24.8608   -2.8908   -1.0921
          0         0         0   19.6512   18.9793
          0         0         0         0  -22.2222
```

实验 5.4　帕斯卡矩阵(Pascal Matrix)的平方根分解

%实验目的:应用矩阵的 cholesky 上下三角形分解 A=R′＊R 分解 4 阶帕斯卡矩阵。

%主要命令:chol

%源程序:

```
%矩阵的 cholesky 上下三角形分解 A=R′*R
A=pascal(4)%4 阶帕斯卡矩阵
R=chol(A)
```

%运行结果:

```
A=
    1   1   1    1
    1   2   3    4
    1   3   6   10
    1   4  10   20
R=
    1   1   1   1
    0   1   2   3
    0   0   1   3
    0   0   0   1
```

实验 5.5　矩阵的各种范数求法

%实验目的:利用 NORM 命令求如下矩阵的范数和条件数 $cond(A)=\|A^{-1}\|\|A\|$:

$$\begin{bmatrix} 1 & 2 & 3 \\ 0 & 1 & 2 \\ 0 & 0 & 1 \end{bmatrix}$$

%主要命令: norm

%源程序:

%利用 NORM 命令求矩阵和向量的范数和条件数:

A=[1 2 3;0 1 2;0 0 1]

n0=norm(A)　　%2-范数(谱范数) $\|A\|_2=\sqrt{\lambda_1}=\sqrt{\lambda_{max}(A^TA)}=\sqrt{\rho(A^TA)}$

n1=norm(A,1) % 1-范数(列范数): $\|A\|_1=\max\sum_{i=1}^{n}|a_{ij}|=\max\|\beta_j\|_1$

```
n2=norm(A,2)  %2-范数(谱范数) ‖A‖2=√λ1=√λmax(A^T A)=√ρ(A^T A)
n3=norm(A,inf) %∞-范数(行范数):‖A‖∞=max Σ(j=1..n)|aij|=max ‖αi‖1
nf=norm(A,'fro')% F-范数(Frobenius 范数):‖A‖F=√(Σ(i,j=1..n) aij^2)=√tr(A^T A)
c=cond(A)
c1=cond(A,1)
c2=cond(A,2)
c3=cond(A,inf)
cf=cond(A,'fro')
%运行结果:
A=1    2    3
  0    1    2
  0    0    1
n0=4.4027
n1=6
n2=4.4027
n3=6
nf=4.4721
c=13.9312
c1=24
c2=13.9312
c3=24
cf=15.4919
```

实验 5.6 魔方矩阵的正交三角 QR 分解

%实验目的:魔方矩阵的 QR 分解:生成 3,4,5 阶的魔方矩阵并作 QR 分解。

%主要命令:magic(n); qr(A)

%源程序:

%魔方矩阵的 QR 分解:生成 3,4,5 阶的魔方矩阵并作 QR 分解获得正交矩阵 q 和上三角矩阵 r

```
A=magic(3)
B=magic(4)
C=magic(5)
[qa,ra]=qr(A)
```

```
[qb,rb]=qr(B)
[qc,rc]=qr(C)
%运行结果：
A=
    8   1   6
    3   5   7
    4   9   2
B=
    16   2   3  13
     5  11  10   8
     9   7   6  12
     4  14  15   1
C=
    17  24   1   8  15
    23   5   7  14  16
     4   6  13  20  22
    10  12  19  21   3
    11  18  25   2   9
qa=
    -0.8480   0.5223   0.0901
    -0.3180  -0.3655  -0.8748
    -0.4240  -0.7705   0.4760
ra=
    -9.4340  -6.2540  -8.1620
          0  -8.2394  -0.9655
          0        0  -4.6314
qb=
    -0.8230   0.4186   0.3123  -0.2236
    -0.2572  -0.5155  -0.4671  -0.6708
    -0.4629  -0.1305  -0.5645   0.6708
    -0.2057  -0.7363   0.6046   0.2236
rb=
    -19.4422  -10.5955  -10.9041  -18.5164
           0  -16.0541  -15.7259   -0.9848
           0         0    1.9486   -5.8458
           0         0         0    0.0000
```

```
qc=
    -0.5234    0.5058     0.6735    -0.1215   -0.0441
    -0.7081   -0.6966    -0.0177     0.0815   -0.0800
    -0.1231    0.1367    -0.3558    -0.6307   -0.6646
    -0.3079    0.1911    -0.4122    -0.4247    0.7200
    -0.3387    0.4514    -0.4996     0.6328   -0.1774
rc=
    -32.4808  -26.6311  -21.3973  -23.7063  -25.8615
         0     19.8943   12.3234    1.9439    4.0856
         0          0   -24.3985  -11.6316   -3.7415
         0          0         0   -20.0982   -9.9739
         0          0         0         0  -16.0005
```

实验 5.7　魔方矩阵的奇异值分解(SVD)

%实验目的:魔方矩阵的奇异值 SVD 分解:生成 3,4,5 阶的魔方矩阵并作 SVD 分解。

%主要命令:magic(n);　　svd(A)

%源程序:

```
%魔方矩阵的奇异值 SVD 分解:生成 3,4,5 阶的魔方矩阵并作 SVD 分解
A=magic(3)
B=magic(4)
C=magic(5)
[ua,sa,va]=svd(A)
[ub,sb,vb]=svd(B)
[uc,sc,vc]=svd(C)
```

%运行结果:

```
A=
    8  1  6
    3  5  7
    4  9  2
B=
    16   2   3  13
     5  11  10   8
     9   7   6  12
     4  14  15   1
```

```
C=
    17   24    1    8   15
    23    5    7   14   ·16
     4    6   13   20   22
    10   12   19   21    3
    11   18   25    2    9
ua=
    -0.5774    0.7071     0.4082
    -0.5774    0.0000    -0.8165
    -0.5774   -0.7071     0.4082
sa=
    15.0000         0          0
          0    6.9282          0
          0         0     3.4641
va=
    -0.5774    0.4082     0.7071
    -0.5774   -0.8165    -0.0000
    -0.5774    0.4082    -0.7071
ub=
    -0.5000    0.6708     0.5000    -0.2236
    -0.5000   -0.2236    -0.5000    -0.6708
    -0.5000    0.2236    -0.5000     0.6708
    -0.5000   -0.6708     0.5000     0.2236
sb=
    34.0000         0          0     0
          0   17.8885          0     0
          0         0     4.4721     0
          0         0    00.0000
vb=
    -0.5000    0.5000     0.6708    -0.2236
    -0.5000   -0.5000    -0.2236    -0.6708
    -0.5000   -0.5000     0.2236     0.6708
    -0.5000    0.5000    -0.6708     0.2236
```

```
uc=
    -0.4472   -0.5456    0.5117    0.1954   -0.4498
    -0.4472   -0.4498   -0.1954   -0.5117    0.5456
    -0.4472   -0.0000   -0.6325    0.6325   -0.0000
    -0.4472    0.4498   -0.1954   -0.5117   -0.5456
    -0.4472    0.5456    0.5117    0.1954    0.4498
sc=
   65.0000         0         0         0         0
         0   22.5471         0         0         0
         0         0   21.6874         0         0
         0         0         0   13.4036         0
         0         0         0         0   11.9008
vc=
    -0.4472   -0.4045    0.2466   -0.6627    0.3693
    -0.4472   -0.0056    0.6627    0.2466   -0.5477
    -0.4472    0.8202   -0.0000    0.0000    0.3568
    -0.4472   -0.0056   -0.6627   -0.2466   -0.5477
    -0.4472   -0.4045   -0.2466    0.6627    0.3693
```

实验 5.8　魔方矩阵的海森伯格(Hessenberg)分解

%实验目的:魔方矩阵的 Hessenberg 分解:生成 3,4,5 阶的魔方矩阵并作 Hessenberg 分解。

%主要命令:magic(n); hess(A)

%源程序:

```
%魔方矩阵的 Hessenberg 分解:生成 3,4,5 阶的魔方矩阵并作 Hessenberg 分解
A=magic(3)
B=magic(4)
C=magic(5)
[pa,ha]=hess(A)
[pb,hb]=hess(B)
[pc,hc]=hess(C)
```

%运行结果:

```
A=
    8   1   6
    3   5   7
    4   9   2
B=
    16   2    3   13
     5  11   10    8
     9   7    6   12
     4  14   15    1
C=
    17  24   1   8  15
    23   5   7  14  16
     4   6  13  20  22
    10  12  19  21   3
    11  18  25   2   9
pa=
    1.0000        0          0
       0     -0.6000    -0.8000
       0     -0.8000     0.6000
ha=
     8.0000    -5.4000     2.8000
    -5.0000    10.7600     4.6800
        0       2.6800    -3.7600
pb=
    1.0000        0          0          0
       0     -0.4527     0.3750    -0.8090
       0     -0.8148    -0.5424     0.2045
       0     -0.3621     0.7518     0.5511
hb=
     16.0000     -8.0577     8.8958     6.1595
    -11.0454     24.2131    -8.1984     2.1241
        0       -13.5058    -4.3894    -7.8918
        0           0       -3.2744    -1.8237
```

```
pc=
    1.0000         0         0         0         0
         0   -0.8310    0.4630    0.2743    0.1406
         0   -0.1445   -0.7144    0.5919    0.3441
         0   -0.3613   -0.3680   -0.0348   -0.8561
         0   -0.3974   -0.3738   -0.7571    0.3592
hc=
   17.0000  -28.9413    1.8470   -4.4603    2.2572
  -27.6767   33.9399   26.1875   -2.2280    1.2675
         0   25.0964   20.6871   -6.6055   -0.1973
         0         0   -5.9630  -16.8163  -12.4454
         0         0         0   -9.0122   10.1893
```

实验 5.9　友矩阵(Companion Matrix)与多项式求根

%实验目的：求多项式 $p(x)=x^4-6x^2+3x-8$ 的根。

%求多项式的根：先写出友阵(companion)，求其特征值(eigenvalue)，即是多项式的根。

提供了多项式求根的又一方法。

%模型分析：将多项式写为“标准降幂形式”，明确其各系数：

$$p(x)=1\cdot x^4+0\cdot x^3-6x^2+3x-8$$

%主要命令：magic(n)；A=compan(p)　eig(A)

%源程序：

```
p=[1 0 -6 3 -8]
A=compan(p)
D=eig(A)
```

%运行结果：

```
p=1    0    -6    3    -8
A=
    0  6  -3
    1  0   0
    0  1   0
    0  0   1
D=
  -2.8374
```

```
2.4692
0.1841 +1.0526i
0.1841 - 1.0526i
```

实验 5.10　矩阵对角化判别(Triangle Matrix)

```
%实验目的:判断矩阵是否可对角化。
%主要命令:function; trigle
%首先建立 M 文件,命名为 trigle.m:
%源程序:
function y=trigle(A)
y=1;c=size(A);
if c(1)~=c(2)
    y=0;
    return;
end
e=eig(A);  %求矩阵的特征向量
n=length(A);
while 1
    ifisempty(e)
        return;
    end
    d=e(1);
    f=sum(abs(e-d)<10*eps);%找出与 d 相同的特征值的个数
    g=n-rank(A-d*eye(n));%求零空间的秩
    if f~=g                %若二者不相等,则不可对角化
        y=0;return;
    end
    e(find(abs(e-d)<10*eps))=[];%删除已经判断了的特征值
end
%调用 M 文件 trigle.m 计算值:
A=1  2  2
  2  1  2
  2  2  1
ta=1
```

```
B=8  1  6
  3  5  7
  4  9  2
tb=1
```

实验 5.11 自然物种数量演变规律

5.11.1 模型问题

忍冬花的种子越冬后，一部分可在次年春天发芽开花产种，另一部分不能发芽，但又越冬后可在下一年春天发芽开花产种，如此继续。近似认为种子最多可以活过两个冬天。设产种数目平均为 c，种子可越冬的比例是 a_1，两岁种子可发芽的比例是 a_2，记第 k 年的植物数量为 x_k，则有如下差分方程表达的模型：

$$x_k + px_{k-1} + qx_{k-2} = 0, k = 2,3,\cdots,n$$

其中方程系数 $p=-a_1bc, q=-a_2b(1-a_1)bc$。

设某年有植物 x_0，要求 n 年后达到 x_n，则差分方程可写为三对角形式的方程组：$Ax=b$：

$$\begin{bmatrix} p & 1 & & & & \\ q & p & 1 & & & \\ & q & p & 1 & & \\ & & \ddots & \ddots & \ddots & \\ & & & q & p & 1 \\ & & & & q & p \end{bmatrix} \begin{bmatrix} x_1 \\ x_2 \\ x_3 \\ \vdots \\ x_{n-2} \\ x_{n-1} \end{bmatrix} = \begin{bmatrix} -qx_0 \\ 0 \\ 0 \\ \vdots \\ 0 \\ -x_n \end{bmatrix}$$

(1)设 $a_1=0.5, a_2=0.25, b=0.2, c=10, x_0=100, x_{50}=1000$，计算 p,q；

(2)求解方程组；绘制植物繁殖 x_k 的图形。

5.11.2 建模求解

(1)求解差分方程，具体解法参阅第 2 章实验 2.2，解得 $p=1, q=0.05$；

(2)应用稀疏矩阵求解命令描绘一年生植物繁殖的图形：

```
%主要命令:sparse(表示"稀疏"之义)
%源程序:
p=-1;q=-0.05;x0=100;xn=1000;n=49;
A1=sparse(1:n,1:n,p,n,n);
A2=sparse(1:n-1,2:n,1,n,n);
A3=sparse(2:n,1:n-1,q,n,n);
```

```
A=A1+A2+A3;
i=[1,n];j=[1,1];s=[-q*x0,-xn];
b=sparse(i,j,s,n,1);
x=A\b;
x1=x(1),
k=0:n+1;xx=[x0,x',xn];
plot(k,xx),grid,
%xlabel('K')
gtext('\fontsize{12}K'),
gtext('\fontsize{12}xk'),
%运行结果如图 5.1 所示:
```

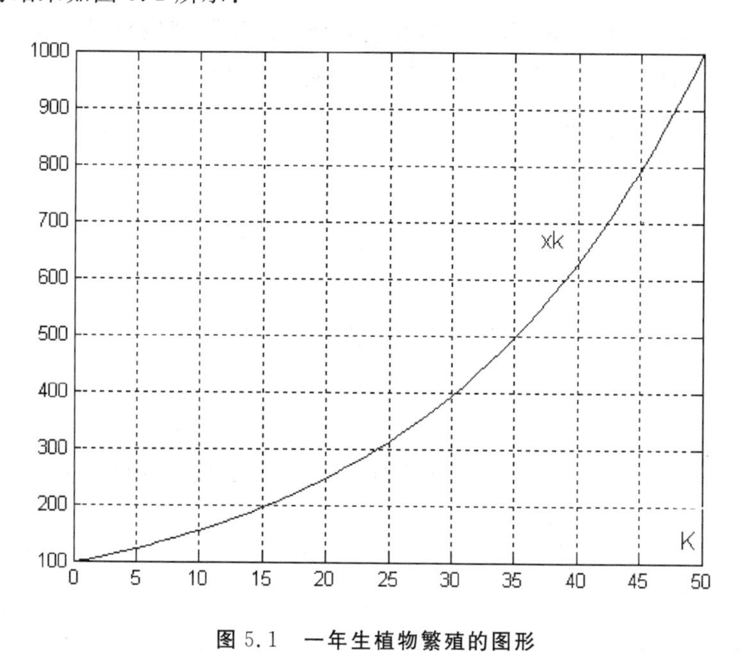

图 5.1　一年生植物繁殖的图形

实验 5.12　汽车刹车距离的超定方程组模型

5.12.1　模型问题

(1)汽车刹车距离 d 等于反应距离 d_1 与制动距离 d_2 之和;

(2)反应距离 d_1 与车速 v 成正比;

(3)刹车使用的汽车最大制动力 F 做功等于汽车动能的改变,且制动力与汽车质量 m 成正比。

5.12.2 建模求解

由假设(2),反应距离 d_1 与车速 v 成正比;即有 $d_1=k_1v$;其中系数 k_1 就是反应时间。又由假设(3),在制动力 F 作用下行驶的距离为制动距离 d_2,作功为 Fd_2,它等于汽车动能的变化(从$\frac{1}{2}mv^2$ 变为 0),即 $Fd_2=\frac{1}{2}mv^2$. 于是 $d_2=\frac{m}{2F}v^2$。其中比例系数 $k_2=\frac{m}{2F}=\frac{1}{2\frac{F}{m}}=\frac{1}{2a}$,这里 $a=\frac{F}{m}$是汽车刹车时的加速度(与速度反向),即 $d_2=k_2v^2$;

由假设(1),汽车刹车距离等于反应距离 d_1 与制动距离 d_2 之和,即有二次函数关系式:

$d=d_1+d_2=k_1v+k_2v^2$。这样,汽车刹车距离 d 与车速 v 成二次函数,模型已经建立了。但参数 k_1,k_2 难以用解析法确定,我们采样一组实际观测数据:(v_i,d_i),$i=1,2,\cdots,n$,用最小二乘法进行数据拟合,算出参数 k_1,k_2 的近似值。

正规方程组(法方程)为

$$\begin{bmatrix} v_1 & {v_1}^2 \\ v_2 & {v_2}^2 \\ \vdots & \vdots \\ v_n & {v_n}^2 \end{bmatrix} \begin{pmatrix} k_1 \\ \\ k_2 \\ \\ \end{pmatrix} = \begin{pmatrix} d_1 \\ d_2 \\ \vdots \\ d_n \end{pmatrix}$$

引入系数矩阵 $A=\begin{bmatrix} v_1 & {v_1}^2 \\ v_2 & {v_2}^2 \\ \vdots & \vdots \\ v_n & {v_n}^2 \end{bmatrix}$,非齐次项 $d=\begin{pmatrix} d_1 \\ d_2 \\ \vdots \\ d_n \end{pmatrix}$,可写为矩阵一向量形式 $Ak=d$,

这是一个超定方程组。

5.12.3 程序设计

```
%实验目的:应用最小二乘准则求解汽车刹车距离。
%主要命令:polyfit(v,d,2)   polyval(b,v)
%源程序:
v=[20:20:140]/3.6;                              %输入速度值
v2=v.^2;
x=[v;v2]';                                      %构造φ
d=[6.5,17.8,33.6,57.1,83.4,118.0,153.5]';       %输入di
a=x\d                                           %左除输出最小二乘解
dd=x*a                                          %计算刹车距离与d比较
```

```
d=[6.5,17.8,33.6,57.1,83.4,118.0,153.5];
b=polyfit(v,d,2)                         %完全多项式拟合的专用命令,输出
b为多项式
y=polyval(b,v)                           %求多项式 b 在点 v 处的值
%运行结果:
a=0.6522
      0.0853
dd=
  6.2553
  17.7748
  34.5584
  56.6062
  83.9181
  116.4941
  154.3343
b=0.0851    0.6617   -0.1000
y=6.2024  17.7571  34.5643  56.6238  83.9357  116.5000  154.3167
```

5.12.4　结果分析

由计算结果,两个系数分别约为 $k_1=0.6522$,$k_2=0.0853$,汽车刹车距离与车速有二次函数关系式:

$$d=d_1+d_2=k_1v+k_2v^2=0.6522v+0.0853v^2$$

显然,这是正比关系,车速越快,刹车距离越长。这与我们的经验是一致的。

实验 5.13　钢架结构受力分析模型

5.13.1　模型问题

有 3 个结点的钢架结构如图,点 1 受到 100kg 的外力作用,点 2 是固定支点,点 3 是滑动支点。利用力的平衡原理建立模型,求出力 F_1,F_2,F_3,H_2,V_2,V_3,讨论外力变化 1kg 时对各个力的影响。

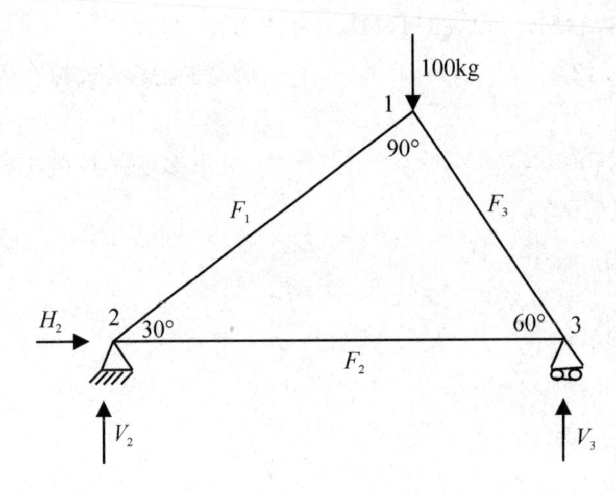

图 5.2 3个结点的钢架结构受力图

5.13.2 建模求解

钢架结构如图所示,分别对1、2、3点受力分析有:

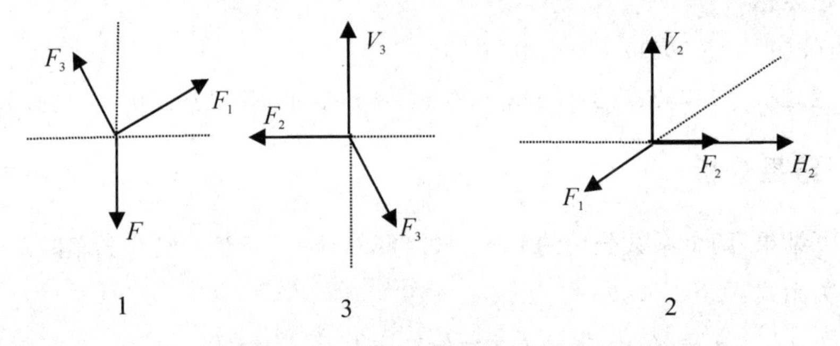

图 5.3 3个结点的受力分析图

对质点1在x,y方向分别有

$$F_1\cos 30^\circ - F_3\sin 30^\circ = 0$$

$$F_1\sin 30^\circ + F_3\cos 30^\circ = F$$

对质点3在x,y方向分别有

$$F_2 - F_3\sin 30^\circ = 0$$

$$F_3\cos 30^\circ - V_3 = 0$$

对质点2在x,y方向分别有

$$F_1\cos 30^\circ - F_2 - H_2 = 0$$

$$F_1\sin 30^\circ - V_2 = 0$$

将以上方程写成矩阵形式有

$$\begin{pmatrix} \cos 30^\circ & 0 & -\sin 30^\circ & 0 & 0 & 0 \\ \sin 30^\circ & 0 & \cos 30^\circ & 0 & 0 & 0 \\ 0 & 1 & -\sin 30^\circ & 0 & 0 & 0 \\ 0 & 0 & \cos 30^\circ & 0 & -1 & 0 \\ \cos 30^\circ & -1 & 0 & 0 & 0 & -1 \\ \sin 30^\circ & 0 & 0 & -1 & 0 & 0 \end{pmatrix} \begin{pmatrix} F_1 \\ F_2 \\ F_3 \\ V_2 \\ V_3 \\ H_2 \end{pmatrix} = \begin{pmatrix} 0 \\ F \\ 0 \\ 0 \\ 0 \\ 0 \end{pmatrix}$$

5.13.3　程序设计

```
%源程序：
function f=ex5_7(F)
A1=[sqrt(3)/2,0,-0.5,0,0,0];
A2=[0.5,0,sqrt(3)/2,0,0,0];
A3=[0,1,-0.5,0,0,0];
A4=[0,0,sqrt(3)/2,0,-1,0];
A5=[sqrt(3)/2,-1,0,0,0,-1];
A6=[0.5,0,0,-1,0,0];
A=[A1',A2',A3',A4',A5',A6'];
b=[0,F,0,0,0,0]';
x=inv(A) * b
end
```

5.13.4　结果分析

在此程序中，当外力 $F=100*9.8N=9800$ 时，执行如下命令：

```
ex5_7(100)
```

得：

```
x=
  1.0e+003 *
  -2.4500     4.2435     9.8000          0          0          0
```

当 F 改变 1kg 时，F=9809.8，此时有：

```
ex5_7(9809.0)
x=
  1.0e+003 *
  -2.4523     4.2474     9.8090          0          0          0
```

对比知当外力增加 1kg 时，$F1$，$F2$，$F3$ 的大小均增加量很小，增加的幅度分别为：0.0938%，0.0919%，0.09183%可近似相等。

第 6 章　非线性方程和方程组

实验 6.1　用 fzero 命令求解三次方程

%实验目的：用 fzero 命令求解三次方程得到数值解。

%主要命令：fzero

%源程序：

%求解非线性方程

```
fzero(inline('x^3-2*x-5'),0)
```

运行结果：

ans=2.09455148154233

实验 6.2　用 fzero 命令求解三角方程

%实验目的：用 fzero 命令求解三角方程得到数值解。注意可能获得“变号点”，对于连续函数是近似零点，对于间断函数就是间断点，在间断点两边函数值异号。

%主要命令：fzero

%源程序：

%求解非连续函数零点，fzero 命令得到的可能是变号点；

```
fzero(@tan,[-1,1])
```

运行结果：

ans=0

```
fzero(@tan,[1,2])
```

运行结果：

ans=1.57079632679490

得到了近似间断点$\frac{\pi}{2}$，在此点附近符号相反。

实验 6.3　用二分法求解非连续函数零点

%实验目的：二分法求解非连续函数零点，fzero 命令的一般调用格式[x,fv,ef,out]

=fzero(@f,x0,opt,P1,P2,),x 为变号点的近似值,fv 对应函数值(function value),ef 运行终止的理由(explanation for),out 包含相关信息。x0 迭代初值,opt 控制参数(option),P1,P2,参数。

%主要命令:fzero

%源程序:

```
[x,fv,ef,out]=fzero(inline('x^3-2*x-5'),0)
```

运行结果:

```
x=2.09455148154233
fv=-8.881784197001252e-016
ef=1
out=intervaliterations: 14
              iterations: 10
               funcCount: 39
           algorithm: 'bisection, interpolation'
message: 'Zero found in the interval [-2.56, 2.56]'
```

或者采用更少的有效数字表示:

```
x=2.0946
fv=-8.8818e-016
ef=1      %正数 1 表示找到异号点,-1 表示没找到异号点
out=iterations: 39                              %迭代 39 次
    funcCount: 39                               %函数调用 39 次
    algorithm: 'bisection, interpolation'       %二分插值
```

实验 6.4　用 fsolve 命令求解非线性方程组

%实验目的:求解非线性方程组,fsolve 命令的一般调用格式为

[x,fv,ef,out,jac]=fsolve(@F,x0,opt,P1,P2,……),

其中 x 为变号点的近似值,fv 对应函数值(function value),ef 运行终止的理由,out 包含相关信息,Jac 对应雅可比矩阵(Jacobi Matrix)。Opt 为结构变量(Option),含有控制程序运行的控制参数;P1,P2,……是传给函数的参数。

%主要命令:fsolve

%源程序:

%首先建立计算函数值的文件,存为 p124fun.m:

```
function y=p124fun(x,a,b,c,d)
y(1)=x(1)^2+a*x(2)^2-b;
```

```
y(2)=x(1)^2+c*x(2)^2-d;
%调用文件以 fsolve 命令计算非线性方程组相关数值信息
x0=[2,2]
[x,fv,ef,out,jac]=fsolve(@p124fun,x0,[],1,4,-1,1)
```

运行结果：

```
x0=
    2    2
Optimization terminated successfully:
First-order optimality is less than options. TolFun.
x=1.58113883008425   1.22474487169677
fv=1.0e-009 *
  0.74771744351665   -0.74735861943509
ef=1
out=iterations: 5
      funcCount: 15
      algorithm: 'trust-region dogleg'
      firstorderopt: 3.662173489061327e-009
jac=3.16227769786555   2.44948974217282
     3.16227769786555   -2.44948975433956
```

实验 6.5 用 solve 命令求解标准形式的二次方程

```
%实验目的：用 solve 命令求解标准形式的二次方程得到解析表达符号解。
%主要命令：solve
%源程序：
%求解标准形式的二次方程，用 solve 命令得到解析表达符号解
syms  x a b c
f=sym('a*x^2+b*x+c=0');
x=solve(f)
```

运行结果：

```
x=[ 1/2/a*(-b+(b^2-4*a*c)^(1/2))]
[ 1/2/a*(-b-(b^2-4*a*c)^(1/2))]
```

实验 6.6 用 solve 命令求非线性方程组符号解

```
%实验目的：用 solve 命令求解非线性方程组符号解(四元)。
```

%主要命令:solve

%源程序:

```
syms  x a b c
E1=sym('a+b+x=y');
E2=sym('2*a*x-b*y=-1');
E3=sym('(a+b)*2=x+y');
E4=sym('a*y+b*x=4');
[a, b, x,y]=solve(E1,E2,E3,E4)
```

运行结果:

a=	b=	x=	y=
[1] [-1]	[1] [-1]	[1] [-1]	[3] [-3]

实验 6.7　用 solve 命令求非线性方程组数值解

%实验目的:　用 solve 命令求解非线性方程组得到数值解。

%主要命令:solve

%源程序:

%用 solve 命令求解非线性方程组得到数值解,用 Newton 法手算,显然对初始值(0,0)迭代有近似根(1,1)。

```
E1=sym('x^2-10*x+y^2+8=0')
E2=sym('x*y^2+x-10*y+8=0')
[x,y]=solve(E1,E2)
```

运行结果:

```
x=
[1]
[-.87829918427904525965720556802 3+1.949272260151418615953571613957 9*i]
[-.87829918427904525965720556802 3-1.949272260151418615953571613957 9*i]
[ 9.281579476571391190281501724542 9+.1582811655548470716513702044469 1*i]
[ 9.281579476571391190281501724542 9-.1582811655548470716513702044469 1*i]
[2.19343941541530813875140768695 80]
y=
[1]
[ -2.546862729636082843600728380610 0-4.499027530401345288053481034538 1*i]
```

```
[ -2.5468627296360828436007283806100+4.4990275304013452880534810345381*i]
[.53662949557456604939150975496464-1.2628701842820426879619697925305*i]
[.53662949557456604939150975496464+1.2628701842820426879619697925305*i]
[3.0204664681230335884184372512906]
```

实验 6.8　用 solve 和 fsolve 命令求解非线性方程组的对比

%实验目的：用 solve 和 fsolve 命令求解非线性方程组的对比实验。

%主要命令：solve

%源程序：

%用 solve 命令求解超越方程组得到精确根式解，几何意义为圆和等轴双曲线的交点，显然应当有 4 个根，即 4 组解。

```
E1=sym('x^2+y^2=4')
E2=sym('x^2-y^2=1')
[x,y]=solve(E1,E2)
```

运行结果：

```
x=
[1/2*10^(1/2)]
[ -1/2*10^(1/2)]
[  1/2*10^(1/2)]
[ -1/2*10^(1/2)]
y=
[  1/2*6^(1/2)]
[  1/2*6^(1/2)]
[ -1/2*6^(1/2)]
[ -1/2*6^(1/2)]
```

%以 fsolve 命令计算非线性方程组相关数值信息

%源程序：

%首先建立计算函数值的文件，存为 a291t16.m：

```
function y=a291t16(x)
y(1)=x(1)^2+x(2)^2-4;
y(2)=x(1)^2-x(2)^2-1;
```

%调用文件以 fsolve 命令计算非线性方程组相关数值信息

```
x01=[1.6,1.2]
x02=[1.6,-1.2]
```

```
x03=[-1.6,1.2]
x04=[-1.6,-1.2]
[x1,fv,ef,out,jac]=fsolve(@a291t16,x00)
[x2,fv,ef,out,jac]=fsolve(@a291t16,x01)
[x3,fv,ef,out,jac]=fsolve(@a291t16,x03)
[x4,fv,ef,out,jac]=fsolve(@a291t16,x04)
```

运行结果：

```
x1=1.58113883399181   1.22474489795789
fv=1.0e-007 *
  0.77430851952442   -0.52716902176897
ef=1
out=iterations: 2
          funcCount: 9
          algorithm: 'trust-region dogleg'
      firstorderopt: 3.187956002313000e-007
    message: [1x76 char]
jac=3.16227769005043   2.44948983565154
     3.16227769005043   -2.44948982348480
Optimization terminated: first-order optimality is less than options. TolFun.
x2=1.58113883399181   1.22474489795789
fv=1.0e-007 *
  0.77430851952442   -0.52716902176897
ef=1
out=iterations: 2
          funcCount: 9
          algorithm: 'trust-region dogleg'
      firstorderopt: 3.187956002313000e-007
             message: [1x76 char]
jac=3.16227769005043   2.44948983565154
     3.16227769005043   -2.44948982348480
Optimization terminated: first-order optimality is less than options. TolFun.
x3=-1.58113883398951   1.22474489795748
fv=1.0e-007 *
  0.77422569688679   -0.52723164056800
ef=1
```

```
out=iterations：2
        funcCount：9
        algorithm：'trust-region dogleg'
    firstorderopt：3.187906513216015e-007
          message：[1x76 char]
jac=-3.16227761466045   2.44948983565237
  -3.16227763350910   -2.44948982348562
Optimization terminated：first-order optimality is less than options. TolFun.
x4=-1.58113883398851   -1.22474489795357
fv=1.0e-007 *
  0.77409852750066   -0.52716738085934
ef=1
out=iterations：2
        funcCount：9
        algorithm：'trust-region dogleg'
    firstorderopt：3.187437508603275e-007
          message：[1x76 char]
jac=-3.16227765235973   -2.44948973832621
     -3.16227765235973   2.44948977482645
```

%调用文件以 fsolve 命令计算非线性方程组，输出数值解，但不再输出相关数值信息

```
x01=[1.6,1.2]
x02=[1.6,-1.2]
x03=[-1.6,1.2]
x04=[-1.6,-1.2]
[x1 ]=fsolve(@a291t16,x00)
[x2 ]=fsolve(@a291t16,x01)
[x3 ]=fsolve(@a291t16,x03)
[x4 ]=fsolve(@a291t16,x04)
```

运行结果：

```
x1=
  1.58113883399181   1.22474489795789
Optimization terminated：first-order optimality is less than options. TolFun.
x2=
  1.58113883399181   1.22474489795789
```

Optimization terminated：first－order optimality is less than options. TolFun.
x3＝－1.58113883398951　1.22474489795748
Optimization terminated：first－order optimality is less than options. TolFun.
x4＝－1.58113883398851　－1.22474489795357

实验 6.9 用 plot 命令绘制非线性函数草图

％实验目的：用 plot 命令绘制非线性方程 3＊x.^2－exp(x)＝0 的函数草图，以实线红色标记并加网格。

％主要命令：plot(x，y，'－r') gtext

％源程序：

```
%绘制非线性方程 3*x.^2-exp(x)=0 的函数草图,以实线红色标记并加网格
x=-1:0.01:2;
f=3*x.^2-exp(x);
plot(x,f,'-r')
grid on
gtext('f=3*x.^2-exp(x)')
title('Altay:非线性函数 f=3x.^2-exp(x)的曲线')
```

运行结果：

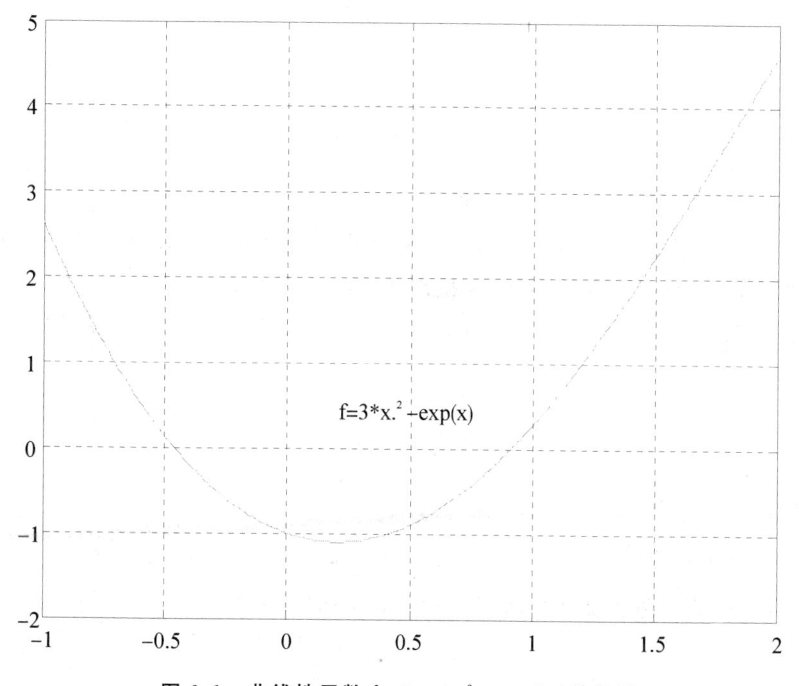

图 6.1 非线性函数 f＝3＊x.^2－exp(x)的曲线

由图可估计在 x=－0.5＋和 1－附近各有一根。

```
%更改区间获得较宽广区间图象
%绘制非线性方程3*x.^2-exp(x)=0的函数草图,以实线红色标记
x=-3:0.01:3;
f=3*x.^2-exp(x);
plot(x,f,'-r')
grid on
gtext('f=3*x.^2-exp(x)')
title('Altay:非线性函数f=3x.^2-exp(x)的曲线')
```

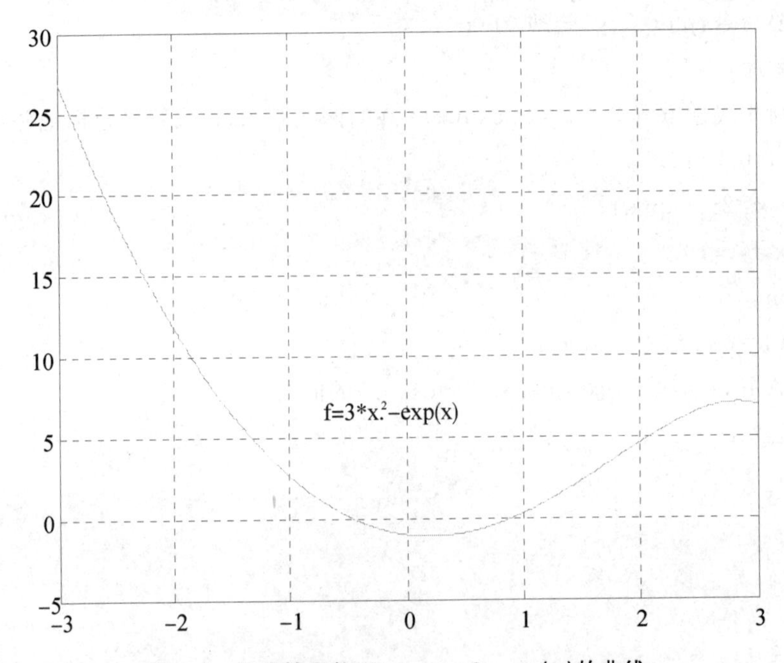

图 6.2　非线性函数 $f=3*x.^2-\exp(x)$ 的曲线

%进一步加宽获得宏观图象。由于指数曲线的极速增长，远快于幂函数曲线。故向无穷远处速降。并且可以观察到，在接近 4－处又有一根。

```
%绘制非线性方程3*x.^2-exp(x)=0的函数草图,以实线红色标记
x=-6:0.01:6;
f=3*x.^2-exp(x);
plot(x,f,'-r')
grid on
gtext('f=3*x.^2-exp(x)')
title('Altay:非线性函数f=3x.^2-exp(x)的曲线')
```

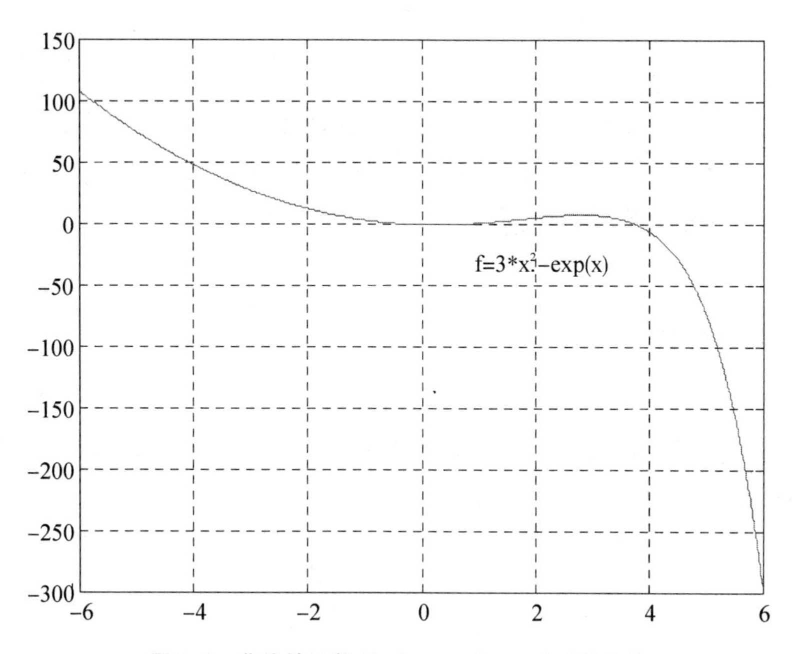

图 6.3　非线性函数 $f=3*x.\hat{}2-\exp(x)$的曲线

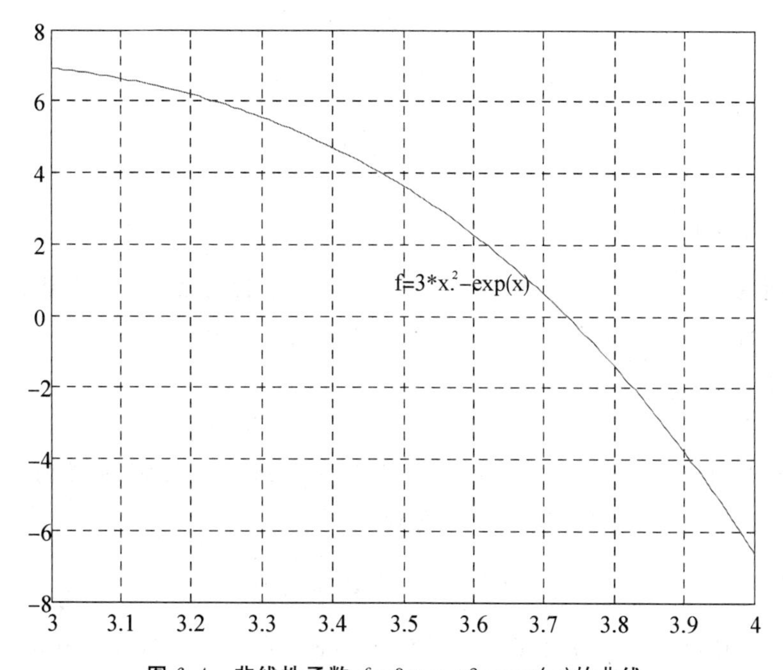

图 6.4　非线性函数 $f=3*x.\hat{}2-\exp(x)$的曲线

%作出在有根区间[3,4]上的更精细的图象,获得根大约在 3.75 左侧。

%绘制非线性方程 3＊x.^2－exp(x)＝0 的函数草图,以实线红色标记

```
x=3:0.01:4;
f=3*x.^2-exp(x);
plot(x,f,'-r')
```

```
grid on
gtext('f=3 * x.^2-exp(x)')
title('Altay:非线性函数 f=3x.^2-exp(x)的曲线')
```

实验 6.10　路灯照明问题

6.10.1　模型问题

路灯照明问题：在宽为 20m 的道路两侧，分别安装了一只功率为 2kW 和 3kW（单位：千瓦）的路灯，离地面高度分别是 5m 和 6m，两只路灯同时开启时，路面路灯连线上最亮和最暗点分别在哪里？

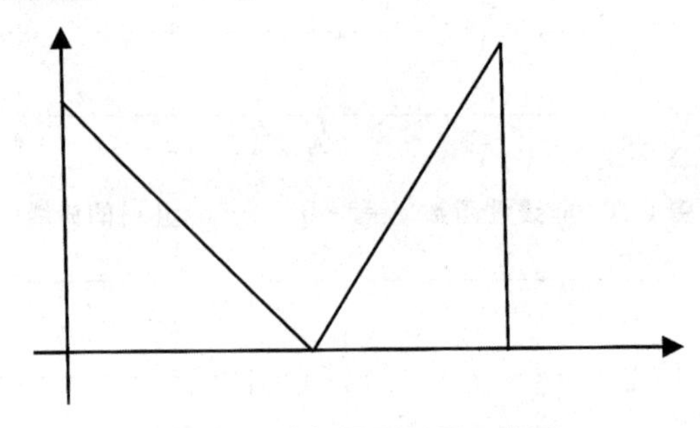

图 6.5　路灯照明问题示意图

6.10.2　建模求解

设路面宽度为 s，功率为 P_1 和 P_2，高度为 h_1 和 h_2，路灯地面连线上某点 Q 的座标为$(x,0)$，则标记两个灯泡到某点 Q 的距离（图中两条斜边长度）分别为 r_1 和 r_2，则由勾股定理可知

$$r_1{}^2 = x^2 + h_1{}^2, r_2{}^2 = (s-x)^2 + h_2{}^2$$

又假设从灯泡到某点 Q 的光线与地面的夹角分别是 α_1 和 α_2，两个灯泡在某点 Q 的照明度分别是 I_1 和 I_2，则照明度函数分别为

$$I_1 = k\frac{P_1\sin\alpha_1}{r_1{}^2}, I_2 = k\frac{P_2\sin\alpha_2}{r_2{}^2}$$

其中 k 为比例常数，不妨取为 $k=1$，将 $r_1{}^2=x^2+h_1{}^2, r_2{}^2=(s-x)^2+h_2{}^2$ 代入三角函数表达

$$\sin\alpha_1 = \frac{h_1}{r_1}, \sin\alpha_2 = \frac{h_2}{r_2}，获得照明度函数 c(x) = I_1 + I_2 为$$

$$c(x) = \frac{P_1h_1}{\sqrt{(x^2+h_1{}^2)^3}} + \frac{P_2h_2}{\sqrt{((s-x)^2+h_2{}^2)^3}}$$

于是求最亮和最暗点即为求照明度函数的驻点（最值点），即求其一阶导函数的零点：

$$c'(x) = -3\frac{P_1h_1x}{\sqrt{(x^2+h_1{}^2)^5}} + 3\frac{P_2h_2(s-x)}{\sqrt{((s-x)^2+h_2{}^2)^5}} = 0$$

这等价于非线性方程求根问题：

$$y(x) = \frac{P_1h_1x}{\sqrt{(x^2+h_1{}^2)^5}} - \frac{P_2h_2(s-x)}{\sqrt{((s-x)^2+h_2{}^2)^5}} = 0$$

其根就是照明度函数的驻点（最值点），也就可以获得最亮和最暗点座标$(x,0)$。但是此非线性方程的根的解析符号表达是很难求出的，我们采用数值方法来求解。

6.10.3　程序设计

```
%实验目的：路灯照明问题，求路面上的最暗点和最亮点。
%主要命令：fsolve
%源程序：
%首先建立计算函数值的文件，存为 zhaoming.m：
function y=zhaoming(x)
y=2*5*x/(5^2+x^2)^(5/2)-3*6*(20-x)/(6^2+(20-x)^2)^(5/2);
%对建立好的 m 文件进行调用，以 0,10,20 为初值用 fzero 命令解方程，计算照明度 c(x)。
x0=[0,10,20]
for k=1:3
x(k)=fzero(@zhaoming,x0(k))
c(k)=2*5 /(5^2+x(k)^2)^(3/2)+3*6*/(6^2+(20-x(k))^2)^(3/2);
end
[x;c]
运行结果：
x0=0      10      20
x=0.02848997037927   1.22474487169677
x=0.02848997037927   9.33829913634669
x=0.02848997037927   9.33829913634669   19.97669580711598
ans=0.02848997037927   9.33829913634669   19.97669580711598
    0.08198104004444   0.01824392571618   0.08447655492158
%第一行为坐标距离 x，第二行数据为相应照明度函数值。
```

6.10.4　结果分析

于是对于照明度函数 $c(x)=I_1+I_2$，$x=9.33829913634669$ 为最小值点，$x=19.97669580711598$ 为最大值点（依照距离 2kW 路灯柱的距离计算）。即：距离 2kW 路灯

9.3383m 处最暗，19.9767m 处最亮。

实验 6.11　分岔与混沌现象

```
%实验目的：演示分岔与混沌现象。
%主要命令：chaos
%源程序：
%首先建立混沌函数的库函数命令文件，存为 chaos.m：
function chaos(iter_fun,x0,r,n)
kr=0;
for rr=r(1):r(3):r(2)
    kr=kr+1;
    y(kr,1)=feval(iter_fun,x0,rr);
    for i=2:n(2)
  y(kr,i)=feval(iter_fun,y(kr,i-1),rr);
    end
end
plot([r(1):r(3):r(2)],y(:,n(1)+1:n(2)),'k');
%函数无终止返回，一直运行
%再建立计算函数值的文件，存为 iter01.m：
function y=iter01(x,r)
y=r*x*(1-x);
%对建立好的 m 文件进行调用并绘图
```

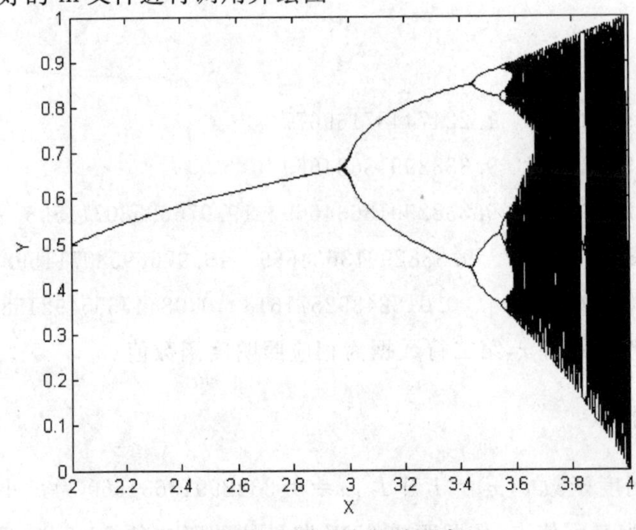

图 6.6　分岔与混沌现象

```
chaos(@iter01,0.5,[2,4,0.01],[100,200])
```

运行结果：

实验 6.12　几何计算模型

水槽由半圆柱体水平放置而成，如图所示。圆柱体长 L，半径 r，当给定水槽内盛水的体积 V 后，要求计算从水槽边沿到水面的距离 x。今已知 $L=25.4\text{m}$，$r=2\text{m}$，求 V 分别为 10,50,100m 的 x。

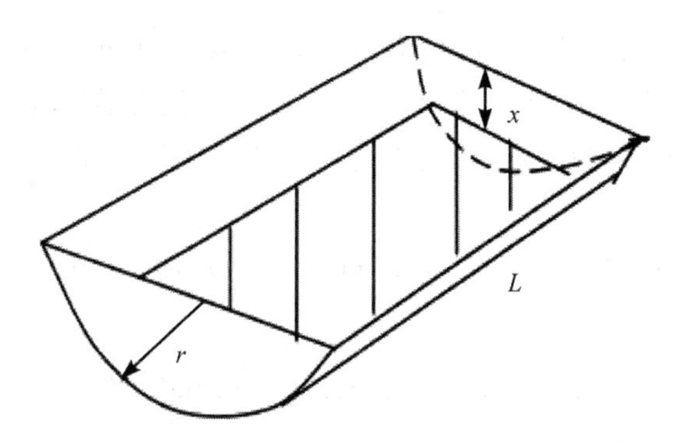

图 6.7　水槽模型

6.12.2　建模求解

水槽如图 6.7 所示，建立如下直角坐标系，水槽体积 V 和槽沿离水面的高度 x 的关系为：

$$V=\int_{r-x}^{r} L\cdot 2\sqrt{r^2-x^2}\,\mathrm{d}x$$

根据题中所给数据，Matlab 求解程序如下：

```
%源程序：
v=[10,50,100];
r=2;L=25.4;
s=zeros(3,1);
for i=1:3
  s(i)=solve((int(2*L*sqrt(r^2-x^2),2-x,2))-v(i));
  s(i)=vpa(s(i),4);
end
s
```

运行程序得：

```
s=
    0.2834
```

0.8553

1.4045

故当 $V=10,50,100$ 时,x 分别为 0.2834,0.8553,1.4045。

实验 6.13 市场经济中的混沌模型

6.13.1 模型问题

假设商品在 t 时期的市场价格为 $p(t)$,需求函数为 $D(p(t))=c-dp(t),c,d>0$。而生产方的期望价格为 $q(t)$,供应函数为 $S(q(t))$。当供销平衡时 $S(q(t))=D(p(t))$。若期望价格与市场价格不符,商品市场不均衡,生产方 $t+1$ 时期的期望价格将会调整,方式为

$$q(t+1)-q(t)=r(p(t)-q(t)),0<r<1$$

以

$$p(t)=\frac{c-D(p(t))}{d}=\frac{c-S(q(t))}{d}$$

代入,得到关于 $q(t)$ 的递推方程。设 $S(x)=\arctan(\mu x)$,$\mu=4.8,d=0.25,r=0.3$,以 c 为可变参数,讨论期望价格 $q(t)$ 的变化规律,是否有混沌现象出现,并找出前几个分岔点,观察分岔点的极限趋势是否符合费根鲍姆常数(Feigenbaum Constant)揭示的规律。

6.13.2 建模求解

对于上述过程,若 $S(x)=\arctan(\mu x)$,$\mu=4.8,d=0.25,r=0.3$,容易推导出 $q(t)$ 的变化规律:

$$q(t+1)=(1-r)q(t)-\frac{r}{d}\arctan(\mu q(t))+\frac{rc}{d}$$

根据问题中所给数据,编程如下:

```
%源程序:
function y=iter_pq(x,c)
u=4.8;d=0.25;r=0.3;
y=(1-r)*x-r*atan(u*x)/d+r*c/d;
% <iter_pq.m>
function chaos(iter_fun,x0,r,n)
kr=0;
for rr=r(1):r(3):r(2)
kr=kr+1;
```

```
y(kr,1)=feval(iter_fun,x0,rr);
for i=2:n(2)
y(kr,i)=feval(iter_fun,y(kr,i-1),rr);
end
end
plot([r(1):r(3):r(2)],y(:,n(1)+1:n(2)),'k.');
%<chaos.m>
```

主程序：

```
chaos(@iter_pq,0.5,[0.3,1.1,0.001],[100,200])
```

输出结果：

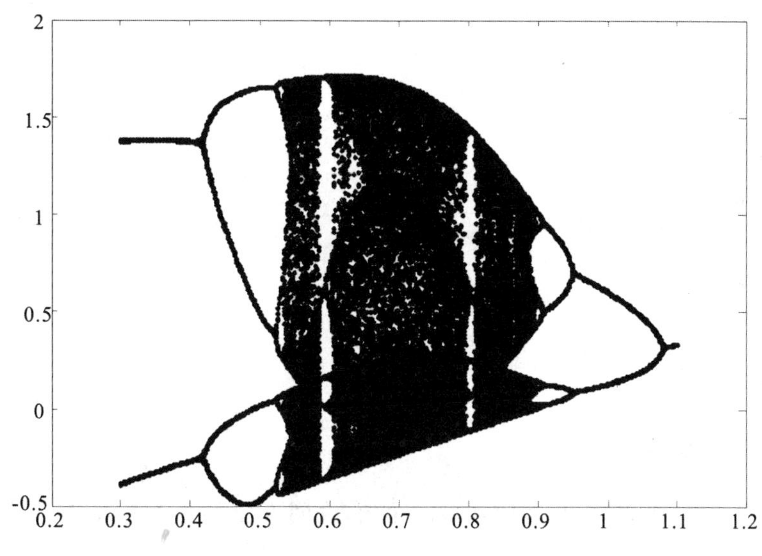

图 6.8　市场经济中的混沌模型

从图 6.8 中找到的几个分叉点的 x 坐标分别是：1.079，0.949，0.907，0.897，0.8948，于是可利用极限表达式$\lim\limits_{n\to\infty}\dfrac{b_n-b_{n-1}}{b_{n+1}-b_n}$逐次得到：

$$\frac{b_2-b_1}{b_3-b_2}=\frac{1.709-0.949}{0.949-0.907}=3.09$$

$$\frac{b_3-b_2}{b_4-b_3}=\frac{0.949-0.907}{0.907-0.897}=4.2$$

$$\frac{b_4-b_3}{b_5-b_4}=\frac{0.907-0.897}{0.897-0.8948}=4.54$$

从上面的求解可以看出，当 n 越大时比值越接近于 4.6692，也就是费根鲍姆常数。

结论：对于 $q(t)$ 的变化，当 c 取一定的数，图像会出现分叉乃至混沌。

输出结果：

```
function y=yanzheng(c0)
```

```
u=4.8;d=0.25;r=0.3;
c=c0;
q(1)=0.5;
for n=1:1:50
q(n+1)=(1-r)*q(n)-r*atan(u*q(n))/d+r*c/d;%o-?  y
end
N=1:1:51;
plot(N,q);
%<yanzheng.m>
%主程序
yanzheng(1.1);
pause;
yanzheng(1);
pause;
yanzheng(0.92);
pause;
yanzheng(0.9);
pause;
yanzheng(0.7);
```

6.13.3 结果分析

(1)$c=1.1$ 时:可以看出:会收敛到一个值,表明不会产生分叉,如图 6.9 所示。

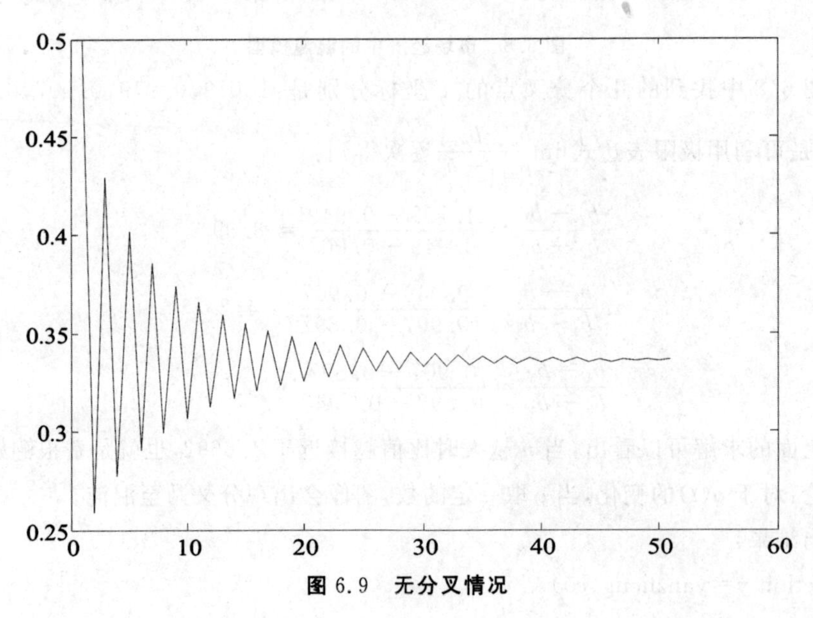

图 6.9 无分叉情况

(2)$c=1$ 时，如图 6.10 所示：

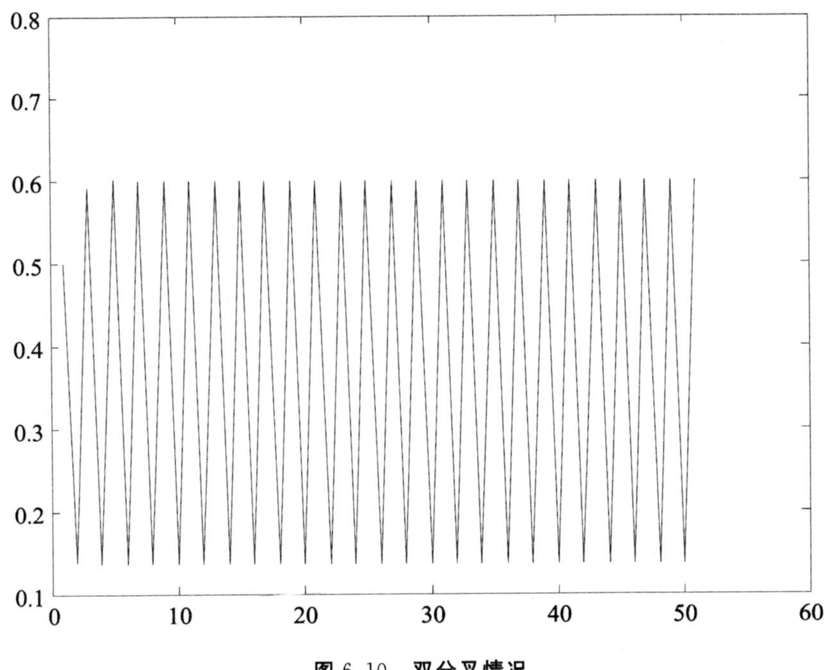

图 6.10　双分叉情况

可以看出：上下的震荡，会收敛到两个值。

(3)$c=0.92$ 时，如图 6.11 所示：

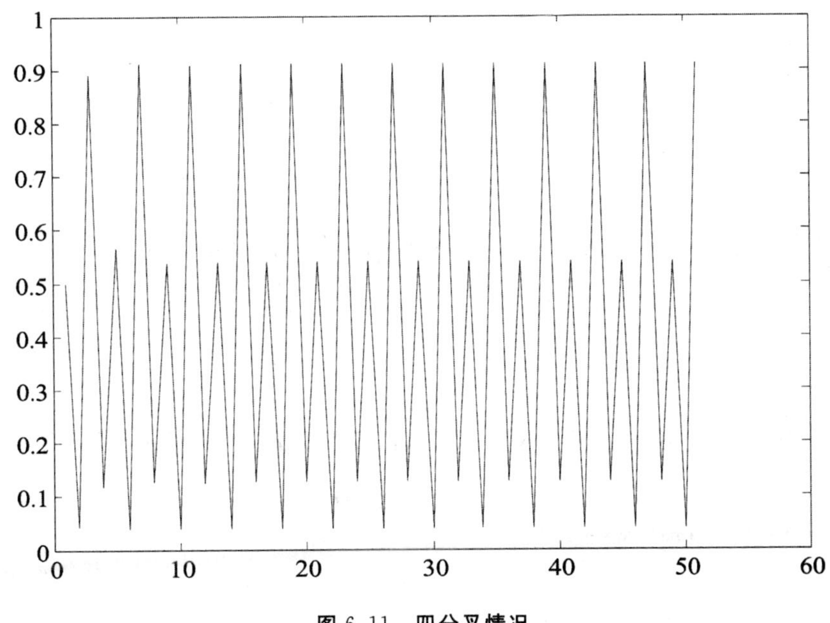

图 6.11　四分叉情况

可以看出：有四个值在上下的震荡

(4)$c=0.9$ 时，如图 6.12 所示：

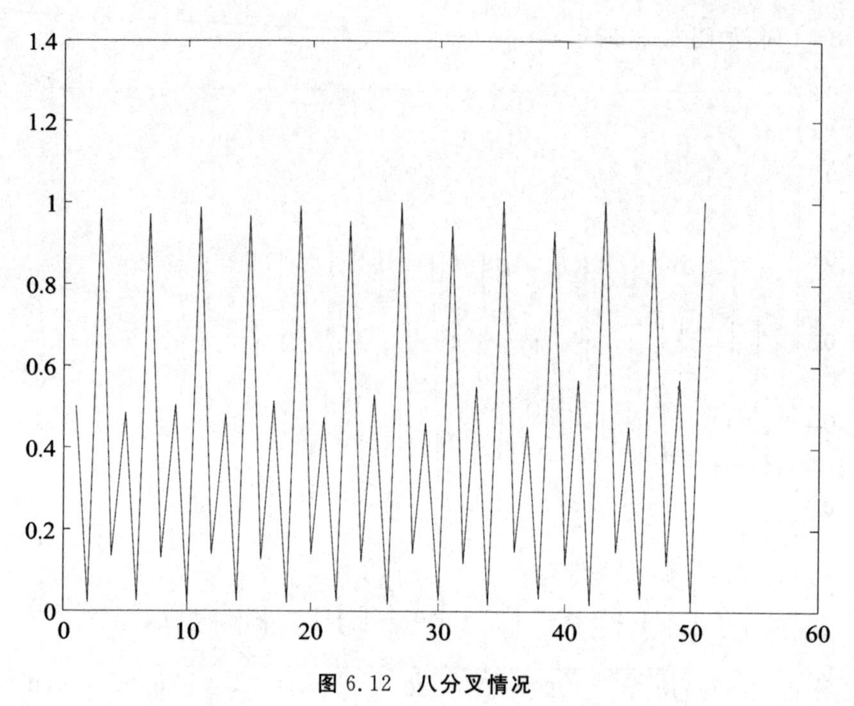

图 6.12　八分叉情况

可以看出:有八个值在震荡。

(5)$c=0.7$ 时,如图 6.13 所示:

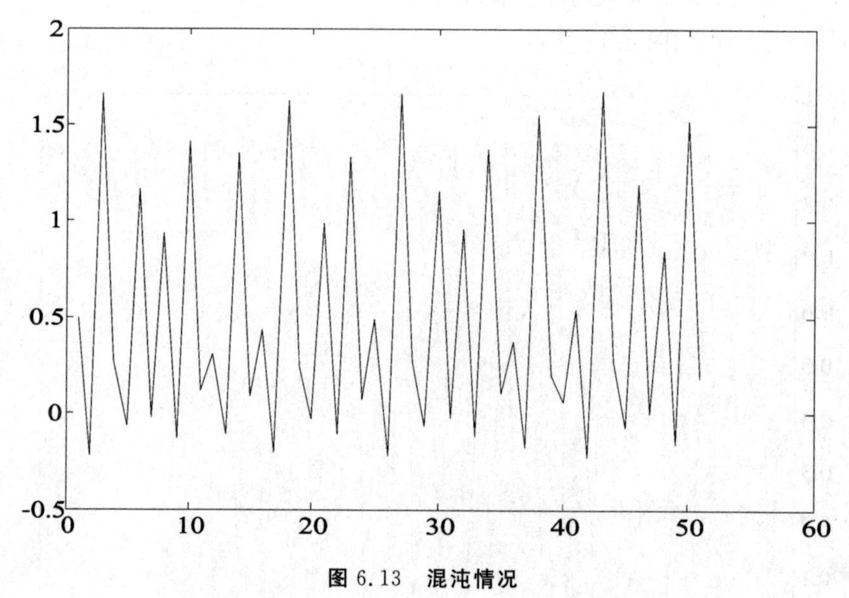

图 6.13　混沌情况

此时可以认为出现了混沌。

第7章　无约束优化

实验7.1　应用fminbnd求有界单变量优化问题

%实验目的：应用fminbnd求有界单变量优化问题 $\min f(x)=\min\limits_{1\leqslant x\leqslant 8}(3\sin x+x)$

%主要命令：fminbnd（黄金分割法和插值法优化算法）inline

%源程序：

```
x1=1;x2=8
f=inline('3*sin(x)+x')
[x,fv]=fminbnd(f,x1,x2)
```

%运行结果：

```
x2=8
x=4.37255960569712
fv=1.54412494626467
```

实验7.2　应用fminunc和fminsearch求非线性优化问题

%实验目的：应用fminbnd求双变量优化问题 $\min f(x,y)=\min\left(\frac{x^2+y^2}{2}\right)$

%主要命令：fminunc（信赖域法和拟牛顿法优化算法）fminsearch（单纯形算法）

%首先建立M文件：

```
function x=exam0702fun(x,a,b)
x=x(1)^2/a+x(2)^2/b;
```

%调用建立好的m文件

%取初始值[1,1]

%源程序：

```
x=fminunc(@exam0702fun,[1,1],[],2,2)%拟牛顿法
x=fminsearch(@exam0702fun,[1,1],[],2,2)%单纯形搜索法
```

%运行结果：

```
Warning: Gradient must be provided for trust-region method;
   using line-search method instead.
```

Optimization terminated: relative infinity－norm of gradient less than options. TolFun.

x＝0　　0

x＝1.0e－004 *

　－0.21023529262365　0.25484564932795

实验 7.3　应用 lsqcurvefit 拟合非线性最小二乘优化系数

%实验目的:应用 lsqcurvefit 求有界多变量优化问题$\min(x_1 e^{x_2 t})$最小二乘解系数

%主要命令:lsqcurvefit

%首先建立 m 文件:

```
function f=exam0703fun(x,t)
f=x(1) * exp(x(2) * t);
```

%调用建立好的 m 文件

%源程序:

```
x0=[10,0.5];
t=[.25 .5 1 1.5 2 3 4 6 8 ];
c=[19.21 18.15 15.36 14.1 12.89 9.32 7.45 5.24 3.01];
[x,norm,res]=lsqcurvefit(@exam0703fun,x0,t,c)
```

%运行结果:

```
Optimization terminated: relative function value
changing by less than OPTIONS. TolFun.
x=20.24133367768921  -0.24197042084230
norm=1.06588725145113
res=
  -0.15681783881971  -0.21522572831959  0.53105408260087
  -0.01977819007782  -0.41426080824460  0.47444582918615
  0.23941764703274   -0.50063002426560  -0.08889091242684
```

实验 7.4　应用 lsqnonlin 拟合非线性最小二乘优化系数

%实验目的:应用 lsqnonlin 求有界多变量优化问题$\min(x_1 e^{x_2 t})$最小二乘解系数问题。

%主要命令:lsqnonlin

%源程序:

```
%首先建立 m 文件:
function f=exam0703fun1(x,t,c)
f=x(1) * exp(x(2) * t)-c;
%调用建立好的 m 文件
x0=[10,0.5];
t=[.25 .5 1 1.5 2 3 4 6 8 ];
c=[19.21 18.15 15.36 14.1 12.89 9.32 7.45 5.24 3.01];
[x,norm,res]=lsqnonlin(@exam0703fun1,x0,[],[],[],t,c)
%运行结果:
x=20.24133367768921   -0.24197042084230
norm=1.06588725145113
res=-0.15681783881971   -0.21522572831959   0.53105408260087
    -0.01977819007782   -0.41426080824460   0.47444582918615
     0.23941764703274   -0.50063002426560   -0.08889091242684
```

实验 7.5　应用 optimset 求双变量优化问题

%实验目的:应用 optimset 求双变量优化问题 $\min\left(\frac{x^2+y^2}{2}\right)$ 同时获得控制参数。

%主要命令:optimset (生成结构变量)

```
%首先建立 m 文件:
function f=exam0702fun(x,a,b)
f=x(1)^2/a+x(2)^2/b;
%调用建立好的 m 文件
%源程序:
a=10;b=1;x0=[1,1];
opt=optimset('fminunc');
opt=optimset(opt,'Disp','iter');
x=fminunc(@exam0702fun,x0,opt,a,b)
%运行结果:
Warning: Gradient must be provided for trust-region method;
  using line-search method instead.
```

Gradient's

Iteration	Func－count	f(x)	Step－size	infinity－norm
0	3	1.1	2	
1	6	0.081	0.5	0.18
2	9	0.0654004	1	0.162
3	12	3.76325e－005	1	0.0118
4	15	1.90948e－007	1	0.000874
5	18	7.12429e－013	1	5.14e－007

Optimization terminated：relative infinity－norm of gradient less than options. TolFun.

x＝

1.0e－005 *

－0.25612016756039　－0.02376002635419

实验 7.6　应用 mesh 和 contour 命令画网格图和等高线图

%实验目的:应用 mesh 和 contour 命令画出 Rosenbrock 的三维网格图形和等高线图形。

%主要命令:mesh 和 contour

%源程序:

```
%用 meshgrid 命令画出 Rosenbrock 的网格图形
[x,y]=meshgrid(-2:0.1:2,-1:0.1:3)
z=100*(y-x.^2).^2+(1-x).^2
mesh(x,y,z)
title('Altay:罗森布洛克 Rosenbrock 经典优化实验函数')
```

%运行结果:

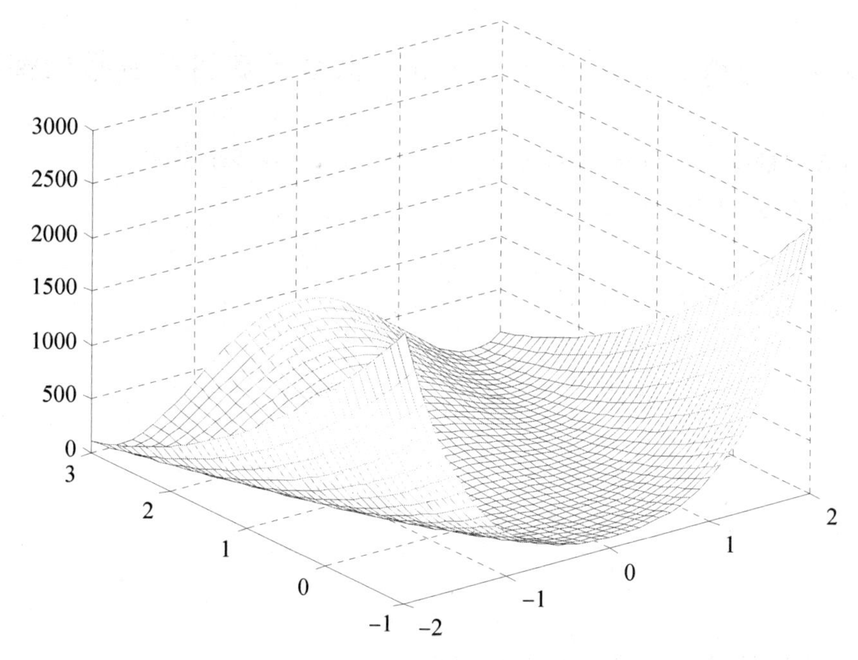

图7.1 罗森布洛克经典优化实验函数

```
[x,y]=meshgrid(-2:0.1:2,-1:0.1:3)
z=100*(y-x.^2).^2+(1-x).^2
contour(x,y,z,20)
title('Altay:罗森布洛克 Rosenbrock 实验函数等高线')
```

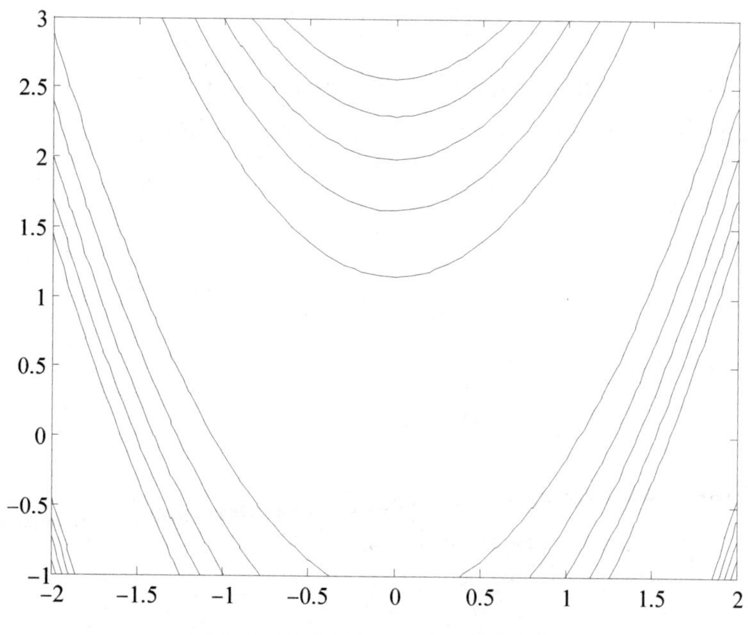

图7.2 罗森布洛克实验函数等高线

实验 7.7 应用 optimset 和 fminunc 命令计算目标函数的梯度

%实验目的:应用 optimset 和 fminunc 命令计算目标函数的梯度。

%主要命令:optimset 和 fminunc

%源程序:

首先建立包含梯度的 M 文件:

```
%源程序 exam0705grad:
function [f,g]=exam0705grad(x)
f=100*(x(2)-x(1).^2).^2+(1-x(1)).^2
if nargout>1
g(1)=-2*(1-x(1))-400* x(1) * (x(2)-x(1).^2);
g(2)=200* (x(2)-x(1).^2);
end
%调用建立好的 m 文件, exam0705grad
%源程序 p159l6.m:
x=[-1.9,2];
opt1=optimset('LargeScale','off','MaxFunEvals',1000,'GradObj','on');
[x1,v1,exit1,out1]=fminunc('exam0705grad',x0,opt1)
%运行结果:
f=0
Optimization terminated at the initial point: the relative
magnitude of the gradient at x0 less than options.TolFun.
x1=1      1
v1=0
exit1=1
out1=
      iterations: 0
         funcCount: 1
         stepsize: []
    firstorderopt: 0
        algorithm: 'medium-scale: Quasi-Newton line search'
          message: [1x117 char]
```

实验 7.8　最佳产销量安排

7.8.1　模型问题

某工厂的某种产品有甲乙两个型号，欲确定两个型号各自产量使得总利润最大。在产销平衡的简单情况下讨论，即假定供需平衡，所有产品都可卖出且等于市场销量。工厂利润取决于销量和单件价格，也依赖于产量和单件成本，产品甲的价格会随着销量的增长而降低，同时产品乙的销量增长也将使甲的价格下降。甲乙两种产品的成本都会随着产量增长而降低。

7.8.2　建模求解

设甲乙两个型号的产品的销量(即产量)分别是 x_1, x_2，价格分别是 p_1, p_2，成本分别是 q_1, q_2。

(1)简单假定产品的价格与销量(即产量)是“负线性相关”的(销量越大价格越低)，即有 $p_1=b_1-a_{11}x_1-a_{12}x_2$，$p_2=b_2-a_{21}x_1-a_{22}x_2$(所有系数均为正数)，写成矩阵向量形式就是

$$\begin{pmatrix} p_1 \\ p_2 \end{pmatrix}=\begin{pmatrix} b_1 \\ b_2 \end{pmatrix}-\begin{pmatrix} a_{11} & a_{12} \\ a_{21} & a_{22} \end{pmatrix}\begin{pmatrix} x_1 \\ x_2 \end{pmatrix}$$

并假定矩阵的“主对角元系数” 更大(因为产品自身的销量对其价格的影响要大于另一种产品销量对其价格的影响)，即 $a_{11}>a_{12}$，$a_{22}>a_{21}$。

(2)简单假定产品的成本与产量服从“负指数关系”，且有渐近值，即

$$q_1 = r_1 e^{-\lambda_1 x_1} + c_1, q_2 = r_2 e^{-\lambda_2 x_2} + c_2 \text{(所有系数均为正数)}$$

基于如上假定，甲乙两个型号的产品产生的总利润为

$$\begin{aligned} z(x_1, x_2) &= (p_1 - q_1)x_1 + (p_2 - q_2)x_2 \\ &= (b_1 - a_{11}x_1 - a_{12}x_2 - r_1 e^{-\lambda_1 x_1} - c_1)x_1 \\ &\quad + (b_2 - a_{21}x_1 - a_{22}x_2 - r_2 e^{-\lambda_2 x_2} - c_2)x_2 \end{aligned}$$

于是欲确定两个型号各自产量使得总利润最大的问题就是一个无约束极值(极大化)问题：

$\max\ z(x_1, x_2)=\max\ [(b_1-a_{11}x_1-a_{12}x_2-r_1 e^{-\lambda_1 x_1}-c_1)x_1+(b_2-a_{21}x_1-a_{22}x_2-r_2 e^{-\lambda_2 x_2}-c_2)x_2]$为获得初值条件，简单起见，可以首先忽略成本 q_1, q_2，并取较小的价格因子(反对角线上系数)为 0：$a_{12}=a_{21}=0$，则无约束极值(极大化)问题简化为：

$$\max\ \tilde{z}(x_1, x_2) = \max[(b_1 - a_{11}x_1)x_1 + (b_2 - a_{22}x_2)x_2]$$

由此获得驻点为 $x_1=\dfrac{b_1}{2a_{11}}$，$x_2=\dfrac{b_2}{2a_{22}}$。以此为初值点进行优化计算。对于函数

$$z(x_1,x_2) = (b_1 - a_{11}x_1 - a_{12}x_2 - r_1 e^{-\lambda_1 x_1} - c_1)x_1 + (b_2 - a_{21}x_1 - a_{22}x_2 - r_2 e^{-\lambda_2 x_2} - c_2)x_2$$

给定如下参数可编程计算：

$$b_1 = 100, a_{11} = 1, a_{12} = 0.1, r_1 = 30, \lambda_1 = 0.015, c_1 = 20;$$

$$b_2 = 280, a_{21} = 0.2, a_{22} = 2, r_2 = 100, \lambda_2 = 0.02, c_2 = 30.$$

7.8.3 程序设计

```
%实验目的:应用 fminunc 命令安排最佳产销量。
%主要命令:fminunc
%源程序:
首先建立包含梯度的 M 文件,命名为 p161fun.m:
%源程序:
function y=p161fun(x)
y1=((100-x(1)-0.1 * x(2))-(30 * exp(-0.015 * x(1)) +20)) * x(1) ;
y2=((280-0.2 * x(1)-2 * x(2))-(100 * exp(-0.02 * x(2)) +30)) * x(2) ;
y=-y1-y2
%调用建立好的 m 文件计算甲乙产量和最大利润
%源程序:
x0=[50,70];
[x,y]=fminunc(@p161fun,x0)
z=-y
%运行结果:
Optimization terminated: relative infinity-norm of gradient less than options.TolFun.
x=23.90252564934626 62.49772137979860
y=-6.413525192177296e+003
z=6.413525192177296e+003
```

7.8.4 结果分析

即甲型号产品产量 23.90252564934626，乙型号产品产量 62.49772137979860，此时可达到的最大总利润为 6413.5。

实验 7.9　飞机的精确定位

7.9.1　模型问题

飞机飞行过程中，可收到各雷达站关于飞机当前位置的信息，由此可综合判定飞机的精确位置。设各导航设备为：VOR——高频多向导航器，可获得角度信息（由正北沿顺时针方向的角度，取值在 0～360 度之间）；DME——距离测量装置，可获得距离信息。飞机收到来自 3 台 VOR 和 1 台 DME 测量的距离（以及误差限），且假定 4 台设备与飞机在同一平面上，4 台设备的横纵坐标 x，y 已知。

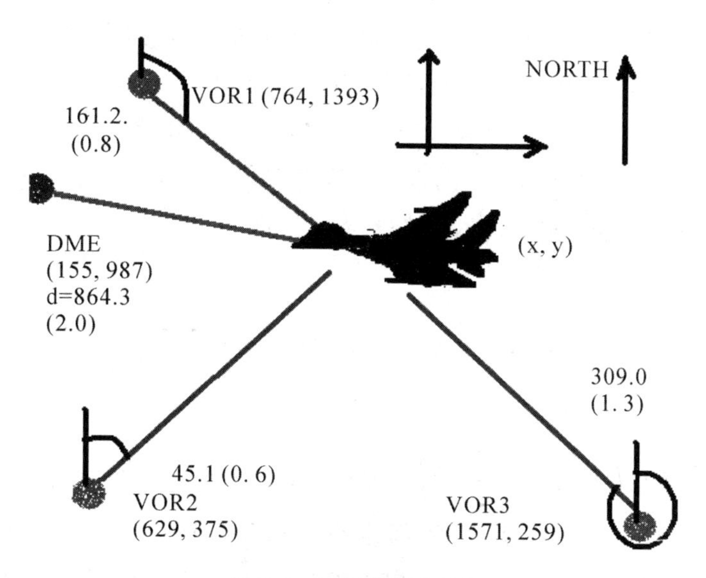

图 7.3　飞机的精确定位

7.9.2　建模求解

设 4 台导航设备的横纵坐标分别是 $VOR1(x_1,y_1)$，$VOR2(x_2,y_2)$，$VOR3(x_3,y_3)$，$DME(x_4,y_4)$，VOR1，VOR2，VOR3 的角度分别是 $\theta_1,\theta_2,\theta_3$，角度误差限分别是 σ_1,σ_2，σ_3，距离是 d_4，距离误差限是 σ_4。设飞机当前位置横纵坐标为 (x,y)，则问题即是在表 7.1 给定的数据下计算 (x,y)：

表 7.1

设备	x_i	y_i	原始 θ_i 或 d_i	σ_i	转换后的 θ_i/rad（弧度）
VOR1	746	1393	161.2	0.8（=0.014rad）	2.8135
VOR2	629	375	45.1	0.6（=0.0105rad）	0.7871

续表

设备	x_i	y_i	原始 θ_i 或 d_i	σ_i	转换后的 θ_i/rad(弧度)
VOR3	1571	259	309.0	1.3(=0.0227rad)	−0.8901
DME	155	987	d_4=864.3km	2.0km	

记点(x_i,y_i)与(x,y)的连线跟横轴 x 的夹角为 α_i，则有 $\alpha_i=\arctan\left(\frac{y-y_i}{x-x_i}\right)$；但角度测量方式与我们熟悉的不同，它是点$(x_i,y_i)$与$(x,y)$的连线跟纵轴 y 的夹角，与 α_i "互余"，即有 $\theta_i=\arctan\left(\frac{x-x_i}{y-y_i}\right)$。

由 *MATLAB* 库函数命令中的四象限反正切函数 arctan2(b,a)，它根据点(b,a)在四个象限中的位置计算原点与点(b,a)的连线和跟正向纵轴 y 的夹角。于是将原始的角度 θ_i 换算为弧度，并取值在$-\pi<\theta_i\leqslant\pi$之间，则可获得

$$\theta_i=\text{arctan2}(x-x_i,y-y_i),i=1,2,3.$$

用 *DME* 测量的距离有 $d_4=\sqrt{(x-x_4)^2+(y-y_4)^2}$，由最小二乘法准则，我们使所有的角度和距离产生的总误差最小，即可构造二次型

$$f(x,y)=f(x_i,y_i,\theta_i)=$$

$$\sum_{i=1}^{3}\left[\text{arctan2}(x-x_i,y-y_i)-\theta_i\right]^2+\left(d_4-\sqrt{(x-x_4)^2+(y-y_4)^2}\right)^2$$

使得

$$\min f(x,y)=\min\sum_{i=1}^{3}\left[\text{arctan2}(x-x_i,y-y_i)-\theta_i\right]^2+\left(d_4-\sqrt{(x-x_4)^2+(y-y_4)^2}\right)^2$$

由于角度和距离的单位不同，误差限也不同，故而应当加权处理，即求解如下的非线性最小二乘问题：

$$\min F(x,y)=\min\sum_{i=1}^{3}\left[\frac{\text{arctan2}(x-x_i,y-y_i)-\theta_i}{\sigma_i}\right]^2+\left(\frac{d_4-\sqrt{(x-x_4)^2+(y-y_4)^2}}{\sigma_4}\right)^2$$

7.9.3 程序设计

%文件名：shili02fun.m,p162l8.m

%实验目的：应用 lsqnonlin 计算飞机的定位。

%主要命令：lsqnonlin

%源程序：

首先建立包含梯度的 M 文件，命名为 shili02fun.m：

```
%源程序：
function f=shili02fun(x,x0,y0,theta,sigma,d4,sigma4)
for i=1:3
    f(i)=(atan2(x(1)-x0(i),x(2)-y0(i))-theta(i))/sigma(i);
end
f(4)=(sqrt((x(1)-x0(4))^2+(x(2)-y0(4))^2)-d4)/sigma4;
%调用建立好的m文件计算飞机的定位
%源程序：
X=[746 629 1571 155]
Y=[1393 375 259 987]
theta=[161.2,45.1,309.0-360]*2*pi/360;
sigma=[0.8,0.6,1.3]*2*pi/360;
d4=864.3;
sigma4=2;
x0=[900,700]
[x,norm,res,exit,out]=lsqnonlin(@shili02fun,x0,[],[],[],X,Y,theta,sig-
ma,d4,sigma4)
%运行结果：
X=746          629          1571          155
Y=1393          375          259          987
x0=900    700
Optimization terminated: first-orderoptimality less than OPTIONS.TolFun,
and no negative/zero curvature detected in trust region model.
x=1.0e+002 *
   9.78307029540088   7.23983776646859
norm=0.66847117454198
res=-0.43610134510820   -0.12246105058634   -0.68065377624550   -
0.00072063085844
exit=1
out=firstorderopt: 1.428214654895300e-008
          iterations: 6
            funcCount: 21
        cgiterations: 6
            algorithm: 'large-scale: trust-region reflective Newton'
              message: [1x137 char]
```

7.9.4 结果分析

飞机坐标定位为

$$x = 1.0e+002 * \quad 9.78307029540088 \quad 7.23983776646859$$

也就是$(x,y)=(978.3070,723.9838)$；达到的极小误差平方和(范数)为

$$\text{norm} = 0.66847117454198$$

也就是0.6685。

实验7.10 可调电阻电路模型

7.10.1 模型问题

如图所示，一个简单的电路由3个固定电阻R_1，R_2，R_3和一个可调电阻R_a组成，其中$V=80\text{V}$，$R_1=8\Omega$，$R_2=12\Omega$，$R_3=10\Omega$。如何调整可调电阻R_a，才能使该电阻消耗的能量尽量大？讨论当电压V在45V～105V之间变化时，该最大能量和对应的电阻如何变化？如果R_3和R_a都是可调电阻，如何调整这两个可调电阻使它们消耗的总能量尽量大？

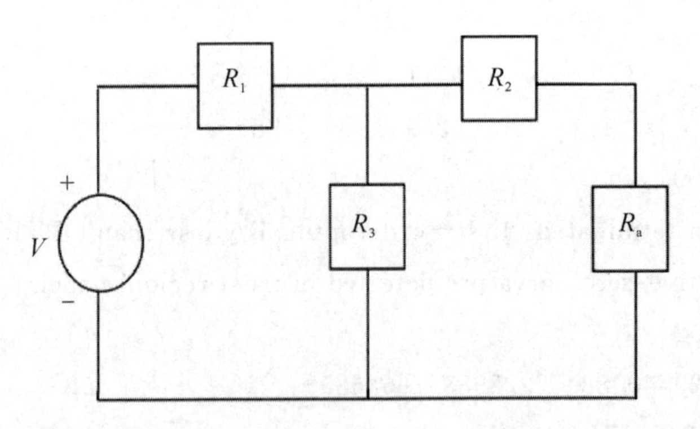

图7.4 可调电阻电路示意图

7.10.2 建模求解

设R_a的电阻为r，则电路的总电阻为

$$8+\frac{1}{\frac{1}{10}+\frac{1}{12+r}}=8+\frac{10(12+r)}{22+r}=\frac{296+18r}{22+r}$$

电路中的电流为$\frac{80(22+r)}{296+18r}$，电阻R_a与R_2两端的电压为$80-8\times\frac{80(22+r)}{296+18r}$，电阻$R_a$两端的电压$U$为$\left(80-8\times\frac{80(22+r)}{296+18r}\right)\times\frac{r}{12+r}$，电阻$R_a$消耗的能量为$\frac{U^2}{r}$。

(1)第一问:题目所求即为最优化问题

$$\max\left(80-\frac{640(22+r)}{296+18r}\right)^2\times r\times\frac{1}{(12+r)^2}$$

$$s.t. r>0$$

编程如下:

```
fun703=inline('(12+r)^2/r/(80-640*(22+r)/(296+18*r))^2');
[r,f]=fminunc(fun703,5,[]);
[r,1/f]
```

运行结果:

```
r=16.44;f=30.03;
```

即可调电阻为16.44欧时,其消耗的能量最大。

(2)第二问:题目所求即为最优化问题

$$\max\left(v-\frac{8(22+r)v}{296+18r}\right)^2\times r\times\frac{1}{(12+r)^2}$$

$$s.t. r>0$$

$$45<v<105$$

编程如下:

```
fun703=inline('- x(1) /(12+ x(1))^2*(x(2)-8*(22+ x(1))* x(2)/ (296
+18* x(1)))^2');
opt=optimset('fmincon');
[x,f]=fmincon(fun703,[10,80],[],[],[],[],[0,45],[inf,105],[],opt)
```

运行结果:

```
x=
  16.4415   105.0000
f=
  -51.7314
```

即当可调电阻为16.44Ω,电压为105V时,其消耗的能量最大。

实验7.11 海岛服务站选址模型

7.11.1 模型问题

某海岛上有12个主要的居民点,每个居民点的位置(用平面坐标x,y表示,距离单位:km)和居住的人数R如表7.1所示。现在准备在岛上建一个服务中心为居民提供各种服务,那么服务中心应该建在何处?

表 7.2

居民点	1	2	3	4	5	6	7	8	9	10	11	12
x	0	8.20	0.50	5.70	0.77	2.87	4.43	2.58	0.72	9.76	3.19	5.55
y	0	0.50	4.0	5.0	6.49	8.76	3.26	9.32	9.96	3.16	7.20	7.88
R	600	1000	800	1400	1200	700	600	800	1000	1200	1000	1100

7.11.2　建模求解

设服务中心 O 点坐标 $x0$ 为 (x_0,y_0)，各居民点的坐标记为 $x_1,x_2,\cdots,x_{12}$

题目所求即为：

$$
\begin{aligned}
\min\quad & 600\sqrt{{x_0}^2+{y_0}^2}+1000\sqrt{(x_0-8.2)^2+(y_0-0.5)^2} \\
& +800\sqrt{(x_0-0.5)^2+(y_0-4.9)^2} \\
& +1400\sqrt{(x_0-5.7)^2+(y_0-5)^2}+1200\sqrt{(x_0-0.77)^2+(y_0-6.49)^2} \\
& +700\sqrt{(x_0-2.87)^2+(y_0-8.76)^2}+600\sqrt{(x_0-4.43)^2+(y_0-3.26)^2} \\
& +800\sqrt{(x_0-2.58)^2+(y_0-9.32)^2}+1000\sqrt{(x_0-0.72)^2+(y_0-9.96)^2} \\
& +1200\sqrt{(x_0-9.76)^2+(y_0-3.16)^2}+1000\sqrt{(x_0-3.19)^2+(y_0-7.2)^2} \\
& +1100\sqrt{(x_0-5.55)^2+(y_0-7.88)^2}
\end{aligned}
$$

```
%源程序：
function d=distance(x,y)
d=sqrt((x(1)-y(1))^2+(x(2)-y(2))^2);
function y=fun704(x0)
x=[0,8.20,0.50,5.70,0.77,2.87,4.43,2.58,0.72,9.76,3.19,5.55;
  0,0.50,4.90,5.00,6.49,8.76,3.26,9.32,9.96,3.16,7.20,7.88];
d(1)=0;
for i=1:12
    d(i)=distance(x0,x(:,i));
end
y=sum(d);
[x,f]=fminunc(@fun704,[30,30],[])
```

运行结果：

x=[3.2952,6.6084]　　　f=47.1915

即服务中心点 x_0 的坐标约为(3.3,6.6)。

第8章　约束优化

实验8.1　应用 linprog 命令求解线性规划问题

8.1.1　模型假设

%实验目的:应用 linprog 命令求解线性规划问题

$$\max z = 3x_1 + x_2$$
$$s.t.\ x_1 - x_2 \geqslant -2$$
$$x_1 - 2x_2 \leqslant 2;$$
$$3x_1 + 2x_2 \leqslant 14$$
$$x_1, x_2 \geqslant 0$$

8.1.2　模型建立

首先将线性规划问题化为标准形式 $\min z, Ax\leqslant b$:

$$\min z = -3x_1 - x_2$$
$$s.t.\ -x_1 + x_2 \leqslant 2,$$
$$x_1 - 2x_2 \leqslant 2,$$
$$3x_1 + 2x_2 \leqslant 14,$$
$$x_1, x_2 \geqslant 0$$

其中矩阵 $\boldsymbol{A}=\begin{bmatrix} -1 & 1 \\ 1 & -2 \\ 3 & 2 \end{bmatrix}$,右端向量 $b=\begin{bmatrix} 2 \\ 2 \\ 14 \end{bmatrix}$。自变量的下界向量 $v_1=\begin{bmatrix} 0 \\ 0 \end{bmatrix}$。由此即可编程求解。

8.1.3　程序设计

%主要命令:linprog(即 Linear programming)

%源程序:

```
% 用linprog命令求解线性规划问题:
c=-[3,1]%添加负号极大转化为极小问题
A=[-1,1;1,-2;3,2];%系数矩阵
```

```
b=[2,2,14]; %右端向量
v1=[0 0] %下界向量
[x,f,exitflag,output,lag]=linprog(c,A,b,[],[],v1) %求解命令
%运行结果:
Optimization terminated.
x=3.99999999403546
  1.00000000466717
f=-12.99999998677355
exitflag=1
output=%输出相关信息
      iterations: 5
      algorithm: 'large-scale: interior point'%(大尺度内点算法)
    cgiterations: 0
        message: 'Optimization terminated.'
lag=
    ineqlin: [3x1 double]
      eqlin: [0x1 double]
      upper: [2x1 double]
      lower: [2x1 double]
```

8.1.4 结果分析

即最优解为 $x=[4,1]$，最优值(最小值)为 $f=-13$，exitflag=1(表示收敛)。

实验 8.2 应用 linprog 命令求解线性规划问题

8.2.1 模型假设

%实验目的:应用 linprog 求线性规划问题

$$\min z = 3x_1 + x_2 - x_3$$

$$s.t.\begin{cases} -x_1 + x_2 - 2x_3 \geqslant 2, \\ x_1 - 2x_2 + x_3 \geqslant 2, \\ 3x_1 + 2x_2 - x_3 = 14, \\ x_1, x_2, x_3 \geqslant 0 \end{cases}$$

8.2.2　模型建立

本线性规划问题已经近似于极小化标准形式，但注意：约束不等式应当对应“小于等于号≤”，即应当将线性规划问题改写为极小化标准形式：

$$\min z = 3x_1 + x_2 - x_3$$

$$s.t.\begin{cases} -(-x_1 + x_2 - 2x_3) \leqslant -2, \\ -(x_1 - 2x_2 + x_3) \leqslant -2, \\ 3x_1 + 2x_2 - x_3 = 14, \\ x_1, x_2, x_3 \geqslant 0 \end{cases}$$

用矩阵一向量语言描述，就是将 $\min z, s.t.\ A_1 x \geqslant b_1, A_2 x = b_2$ 改写为标准形式

$$\min z, s.t.\ -A_1 x \leqslant -b_1, A_2 x = b_2$$

其中矩阵 $\mathbf{A}_1 = \begin{bmatrix} 1 & 1 & -2 \\ 1 & -2 & 1 \end{bmatrix}$，$\mathbf{A}_2 = [3\quad 2\quad -1]$右端向量 $b_1 = \begin{bmatrix} 2 \\ 2 \end{bmatrix}$，$b_2 = 14$，自变量的下界向量 $v_1 = \begin{bmatrix} 0 \\ 0 \\ 0 \end{bmatrix}$。由此即可编程求解。

8.2.3　程序设计

```
%实验目的：应用 linprog 求解包含等式约束的线性规划问题。
%主要命令：linprog
%源程序：
% 用 linprog 命令求解线性规划问题：
c=[3,1,-1]
A1=[1,1,-2;1,-2,1];
A2=[3,2,-1];
b1=[2,2];b2=14;
v1=[0 0 0]
[x,z,exitflag,output,lag]=linprog(c,-A1,-b1,A2,b2,v1)
%运行结果：
Optimization terminated.
x=
   4.00000000363735
   1.99999999366786
   1.99999999824777
z=12.00000000633214
```

exitflag=1

output=iterations：7

algorithm：'large-scale：interior point'

cgiterations：0

message：'Optimization terminated.'

lag=

ineqlin：[2x1 double]

eqlin：-0.74999999650275

upper：[3x1 double]

lower：[3x1 double]

即最优解为 x=[4,2,2]，最优值(最小值)为 f=12，exitflag=1(表示收敛)。

实验 8.3 应用 quadprog 命令求解二次规划问题

8.3.1 模型假设

%实验目的:应用 quadprog 命令(即 quadratic programming)求二次规划问题

$$\min z = f(x_1,x_2) = 2{x_1}^2 - 3x_1x_2 + 3{x_2}^2 - 3x_1 + x_2$$

$$s.t.\ \begin{cases} 2x_1 - x_2 \geqslant -3, \\ x_1 - 3x_2 \leqslant 3, \\ x_1 + 2x_2 = 3, \\ x_1 \geqslant 2, x_2 \leqslant 0. \end{cases}$$

8.3.2 模型建立

首先将二次规划问题改写为极小化标准形式,获得二次型黑塞矩阵(Hessian Matrix)和线性部分系数向量:

$$\min z = f(x_1,x_2) = \frac{1}{2}[4{x_1}^2 - 6x_1x_2 + 6{x_2}^2] - 3x_1 + x_2$$

$$s.t.\ \begin{cases} -2x_1 + x_2 \leqslant 3, \\ x_1 - 3x_2 \leqslant 3, \\ x_1 + 2x_2 = 3, \\ x_1 \geqslant 2, x_2 \leqslant 0. \end{cases}$$

用矩阵-向量语言描述,就是标准形式

$$\min z = \frac{1}{2}x^T Hx + c^T x, s.t.\ A_1 x \leqslant b_1, A_2 x = b_2, v_1 \leqslant x \leqslant v_2$$

其中二次型黑塞矩阵（它是对称正定矩阵）$H=\begin{bmatrix}4 & -3\\ -3 & 6\end{bmatrix}$，线性部分系数向量 $c=\begin{bmatrix}-3\\ 1\end{bmatrix}$，

矩阵 $A_1=\begin{bmatrix}-2 & 1\\ 1 & -3\end{bmatrix}$，$A_2=[1\quad 2]$右端向量 $b_1=\begin{bmatrix}3\\ 3\end{bmatrix}$，$b_2=3$。自变量的下界向量 $v_1=[2,-\infty]$，上界向量 $v_2=[0,\infty]$。由此即可编程求解。

8.3.3　程序设计

```
%实验目的：应用 quadprog 求解约束二次规划问题。
%主要命令：quadprog
%源程序：
%实验目的：应用 quadprog 求解约束二次规划问题
H=[4 -3;-3 6];%目标函数 Hesse 矩阵
c=[-3 1];%目标函数线性项系数向量
A1=[-2 1;1 -3]; %不等式约束系数矩阵
b1=[3 3];%不等式约束向量
A2=[1 2]; %等式约束系数矩阵
b2=3; ;%等式约束向量
v1=[2 -inf]; %下界向量
v2=[inf 0]; %上界向量
[x,fv,ef,out,lag]=quadprog(H,c,A1,b1,A2,b2,v1,v2)
%应用 quadprog 求解
%运行结果：
Optimization terminated.
x=3.00000000000000
  0.00000000000000
fv=8.99999999999999
ef=1
out=
    iterations: 1
    algorithm: 'medium-scale: active-set'(中尺度有效集算法)
    firstorderopt: []
    cgiterations: []
    message: 'Optimization terminated.'
```

```
lag=
    lower:[2x1 double]
    upper:[2x1 double]
    eqlin:-9
ineqlin:[2x1 double]
```

即最优解为 x=[3,0],最优值(最小值)为 f=9,ef=1(表示收敛)。等式乘子lag.eqlin=-9。说明约束条件里 $x_1+2x_2=3$,$x_2\leqslant 0$.为唯一有效约束。

实验 8.4 生产销售的线性规划问题

8.4.1 模型问题

蒙牛乳业集团生产普通牛奶(早餐奶 A_1 和 A_2)和高级牛奶(金牌特仑苏奶 B_1 和 B_2),后者由前者深加工获得。初制造时,每桶原料奶可以在甲类设备上用 12 小时(12h)加工成 3 公斤(3kg)A_1,或在乙类设备上用 8 小时(8h)加工成 4 公斤(4kg)A_2;深加工时,用 2 小时(2h)并花费 1.5 元加工费,可将 1 公斤(1kg)A_1 加工成 0.8 公斤(0.8kg)B_1,或将 1 公斤(1kg)A_2 加工成 0.75 公斤(0.75kg)B_2。因生意兴隆,全部 4 种牛奶产品都能售空。设每公斤 A_1、A_2、B_1 和 B_2 分别可获利 12 元、8 元、22 元、16 元。

假定:(1)蒙牛集团北京生产基地每天可得到 50 桶牛奶的原料供应,正式工人每天的总劳动时间最多为 480 小时(480h)。(2)乙类设备和深加工设备的加工能力没有上限,但甲类设备稀少,每天至多能加工 100 公斤(100kg)A_1。

在上述条件下,为蒙牛集团制订一个生产销售计划,使得每天的纯利润最大,并讨论如下问题:

(1)若投资增加 15 元可以增加供应 1 桶牛奶原料,是否应当作此项投资?

(2)若可招聘临时工,支付给临时工的工资最多是每小时多少元钱?

(3)若特仑苏奶 B_1 和 B_2 的利润常有幅度 10% 的波动,波动时是否需要制订新的生产销售计划?

8.4.2 建模求解

(1)决策变量:首先设出 4 种牛奶产品 A_1、A_2、B_1 和 B_2 的每天销售量分别是决策变量:x_1,x_2,x_3,x_4(单位:kg),由于牛奶产品都能售空,x_3,x_4 也同时是 B_1 和 B_2 的日产量(但销售量 x_1,x_2 要少于实际日产量,因为有一部分普通牛奶 A_1、A_2 要用于加工)。设工厂用 x_5 kg A_1 加工成 B_1,用 x_6 kg A_2 加工成 B_2。

(2)目标函数:目标函数为工厂每天的纯利润,即 4 种牛奶产品 A_1、A_2、B_1 和 B_2 的毛利润减去加工费,因每公斤 A_1、A_2、B_1 和 B_2 分别可获利 12 元、8 元、22 元、16 元,而

每公斤 A_1 加工成 B_1 要减去加工费 1.5 元，每公斤 A_2 加工成 B_2 也要减去加工费 1.5 元，易知利润最大化就是要求如下极大化问题：

$$\max z = f(x) = 12x_1 + 8x_2 + 22x_3 + 16x_4 - 1.5x_5 - 1.5x_6$$

(3)约束条件：约束条件由如下限制合成：

①原料供应：奶产品 A_1 的日产量为 x_1+x_5，因每桶普通牛奶可以在甲类设备上加工成 3 公斤(3kg)A_1，故要消耗牛奶$\frac{x_1+x_5}{3}$桶；奶产品 A_2 的日产量为 x_2+x_6，因每桶普通牛奶可以在乙类设备上加工成 4 公斤(4kg)A_2，故要消耗牛奶$\frac{x_2+x_6}{4}$桶；二者之和不超过日供应量 50 桶，即有$\frac{x_1+x_5}{3}+\frac{x_2+x_6}{4}\leqslant 50$；

②劳动时间：奶产品 A_1 的日产量为 x_1+x_5，因可用 12 小时(12h)加工成 3 公斤(3kg)A_1，故要消耗时间 $4(x_1+x_5)$小时；奶产品 A_2 的日产量为 x_2+x_6，因可用 8 小时(8h)加工成 4 公斤(4kg)A_2，故要消耗时间 $2(x_2+x_6)$小时；因用 2 小时(2h)加工 1 公斤(1kg)A_1 或 1 公斤(1kg)A_2，故要消耗时间 $2x_5$ 和 $2x_6$ 小时。因正式工人每天的总劳动时间最多为 480 小时(480h)，即有 $4(x_1+x_5)+2(x_2+x_6)+2x_5+2x_6\leqslant 480$。

③设备能力：奶产品 A_1 的日产量为 x_1+x_5，因甲类设备稀少，每天至多能加工 100 公斤(100kg)A_1，故 $x_1+x_5\leqslant 100$。

④加工能力：因 1 公斤(1kg)A_1 可加工成 0.8 公斤(0.8kg)B_1，故 $x_3=0.8x_5$；因 1 公斤(1kg)A_2 可加工成 0.75 公斤(0.75kg)B_2，故 $x_4=0.75x_6$。

⑤非负约束：因所有奶产品的重量均非负，故有 $x_1,x_2,x_3,x_4,x_5,x_6\geqslant 0$。

综合以上分析可知，利润最大化就是要求如下约束线性规划极大化问题：

$$\max z = f(x) = 12x_1 + 8x_2 + 22x_3 + 16x_4 - 1.5x_5 - 1.5x_6$$

$$s.t.$$

$$\frac{x_1+x_5}{3}+\frac{x_2+x_6}{4}\leqslant 50;$$

$$4(x_1+x_5)+2(x_2+x_6)+2x_5+2x_6\leqslant 480;$$

$$x_1+x_5\leqslant 100;$$

$$x_3 = 0.8x_5;$$

$$x_4 = 0.75x_6;$$

$$x_1,x_2,x_3,x_4,x_5,x_6\geqslant 0。$$

经过通分、约减和移项等等处理过程，可整理为等价标准形式：

$$\max z = f(x) = 12x_1 + 8x_2 + 22x_3 + 16x_4 - 1.5x_5 - 1.5x_6$$

$$s.t.$$

$$4x_1+3x_2+4x_5+3x_6\leqslant 600;$$

$$2x_1+x_2+3x_5+2x_6\leqslant 240;$$

$$x_1 + x_5 \leqslant 100;$$

$$x_3 - 0.8x_5 = 0;$$

$$x_4 - 0.75x_6 = 0;$$

$$x_1, x_2, x_3, x_4, x_5, x_6 \geqslant 0。$$

由此即可编程求解。

8.4.3 程序设计

```
%实验目的:应用 linprog 求生产销售的线性规划问题。
%主要命令:linprog
%源程序:
c=[12 8 22 16 -1.5 -1.5];%目标函数系数向量
A1=[4 3 0 0 4 3;2 1 0 0 3 2;1 0 0 0 1 0]; %不等式约束系数矩阵
b1=[600 240 100]; %不等式约束边界向量
A2=[0 0 1 0 -0.8 0;0 0 0 1 0 -0.75]; %等式约束系数矩阵
b2=[0 0]; %等式约束边界向量
v1=[0 0 0 0 0 0]; %不等式约束决策变量下界向量
[x,z,ef,out,lag]=linprog(-c,A1,b1,A2,b2,v1)%应用 linprog 命令求解线性规划问题
lag.ineqlin,%计算不等式约束 Lagrange 乘子
lag.eqlin%计算等式约束 Lagrange 乘子
%运行结果:
Optimization terminated.
x=1.0e+002 *
  0.00000000046446
  1.67999999958392
  0.19199999983424
  0.00000000003333
  0.23999999979280
  0.00000000004445
z=-1.730399999937570e+003
ef=1
out=
    iterations: 6
    algorithm: 'large-scale: interior point'
    cgiterations: 0
```

```
    message: 'Optimization terminated.'
lag=
    ineqlin: [3x1 double]
    eqlin: [2x1 double]
    upper: [6x1 double]
    lower: [6x1 double]
ans=
  1.58000000001318%计算不等式约束 Lagrange 乘子
  3.25999999999232%计算不等式约束 Lagrange 乘子
  0.00000000010402%计算不等式约束 Lagrange 乘子
ans=
  22.00000000009199%计算等式约束 Lagrange 乘子
  16.50635182781953%计算等式约束 Lagrange 乘子
```

8.4.4　结果分析

最优解 $x=[0,168,19.2,0,24,0]$，最优值（最大利润）为 $z=-z_0=1730.4$，就是每天生产 168 公斤 A_2 和 19.2 公斤 B_1，不出售 A_1 和 B_2，可获利最大纯利润 1730.4 元钱；为此要用 8 桶牛奶加工成 24 公斤 A_1，42 桶牛奶加工成 168 公斤 A_2，并进一步将全部的 24 公斤 A_1 深加工成 19.2 公斤 B_1。然后只卖这 168 公斤 A_2 和 19.2 公斤 B_1。

Lagrange 乘子在极大化问题中的含义表示的是对应约束的右端项增加一个单位时目标函数的增量，在经济学上称为“影子价格”，可以看作资源的潜在价值。

8.4.5　问题讨论

(1)若投资增加 15 元可以增加供应 1 桶牛奶原料，是否应当作此项投资？

解答：计算不等式约束 Lagrange 乘子 lag.ineqlin(1)=1.58，因编程时依据的不等式约束经过通分（乘以 12）故实际“影子价格”为 $1.58\times12=18.96$（元）。若投资增加 15 元可以增加供应 1 桶牛奶原料，显然，由于 $15<18.96$，即投资的钱 15 元比可能增长的收益 18.96 元要少，有钱可赚，自然划算。故应当作此项投资。

(2)若可招聘临时工，支付给临时工的工资最多是每小时多少元钱？

解答：计算不等式约束 Lagrange 乘子 lag.ineqlin(2)=2.36，因编程时依据的不等式约束经过约分（除以 2）故实际“影子价格”为 $2.36\div2=1.63$（元）。因此支付给临时工的工资最多是每小时 1.63 元钱。

(3)若特仑苏奶 B_1 和 B_2 的利润常有幅度 10% 的波动，波动时是否需要制订新的生产销售计划？

解答：若特仑苏奶 B_1 和 B_2 的利润常有幅度 10% 的波动，比方每公斤特仑苏奶 B_1

的利润下降10%，即从每公斤B_1可获利22元下降为22－22×10%＝22－2.2＝19.8元，则将原约束优化问题的系数由22改成19.8，目标函数为

$$\max z = f(x) = 12x_1 + 8x_2 + \underline{19.8}x_3 + 16x_4 - 1.5x_5 - 1.5x_6$$

编程相应改为：

```
c=[12 8 19.8 16 -1.5 -1.5];%目标函数系数向量
A1=[4 3 0 0 4 3;2 1 0 0 3 2;1 0 0 0 1 0]; %不等式约束系数矩阵
b1=[600 240 100]; %不等式约束边界向量
A2=[0 0 1 0 -0.8 0;0 0 0 1 0 -0.75]; %等式约束系数矩阵
b2=[0 0]; %等式约束边界向量
v1=[0 0 0 0 0 0]; %不等式约束决策变量下界向量
[x,z,ef,out,lag]=linprog(-c,A1,b1,A2,b2,v1)%应用linprog命令求解线性规划问题
lag.ineqlin,%计算不等式约束Lagrange乘子
lag.eqlin%计算等式约束Lagrange乘子
```

运行结果为

```
x=
  1.0e+002 *
  0.00000000000005
  1.60000000000001
  0.00000000000011
  0.29999999999980
  0.00000000000014
  0.39999999999973
z=
  -1.699999999999989e+003
```

由结果可以发现目标最优解和最优值都有变化，目标最优解为x=[0,160,0,30,0,40]，最优值(最大利润)为$z=-z_0=1700$，就是说每天生产160公斤A_2和30公斤B_2，不出售A_1和B_1，可获利最大纯利润1700元钱。这说明生产规划对于特仑苏奶B_1和B_2的利润波动相当敏感，可能需要重新制订生产计划。

实验8.5 投资组合问题的二次规划

8.5.1 模型问题

某投资公司经理准备将50万元基金用于购买股票。他选择了3支不同股票：股票

A 年期望收益 5 元，标准差 2 元；股票 B 年期望收益 8 元，标准差 6 元；股票 C 年期望收益 10 元，标准差 10 元。股票 A，B 收益的相关系数为 5/24，股票 A，C 收益的相差系数为－0.5，股票 B，C 收益的相差系数为－0.25。当前股票 A，B，C 的市值分别是每股 20 元，25 元，30 元。讨论如下问题：

(1)若投资人期望今年得到至少 20％的投资回报，应当如何投资可以使得风险最小？

(2)投资回报率与风险有什么关系？

8.5.2 建模求解

(1)决策变量：首先设出 3 种股票 A，B，C 的购买量分别是决策变量：x_1, x_2, x_3，(单位：手，一手即 100 股)，相应 3 种股票 A，B，C 的投资收益标记为 s_1, s_2, s_3，(单位：百元 100 元)，投资总收益(随机变量)标记为 $s=s_1x_1+s_2x_2+s_3x_3$，(单位：百元 100 元)。由题设条件，3 种股票 A，B，C 的投资收益(随机变量)的期望、方差分别是：

$Es_1=5, Es_2=8, Es_3=10, Ds_1=2^2=4, Ds_2=6^2=36, Ds_3=10^2=100$

相关系数分别是：$r_{12}=5/24, r_{13}=-0.5, r_{23}=-0.25$。

(2)目标函数：目标函数是投资风险函数，可以用方差来衡量。

由相关系数与协方差的关系，3 种股票 A，B，C 的投资收益的协方差分别是：

$$Cov(s_1, s_2) = r_{12}\sqrt{Ds_1}\sqrt{Ds_2} = 2.5,$$

$$Cov(s_1, s_3) = r_{13}\sqrt{Ds_1}\sqrt{Ds_3} = -10,$$

$$Cov(s_2, s_3) = r_{23}\sqrt{Ds_2}\sqrt{Ds_3} = -15$$

于是投资总收益(随机变量)的数学期望是(单位：百元 100 元)

$$z_1 = Es = x_1Es_1 + x_2Es_2 + x_3Es_3 = 5x_1 + 8x_2 + 10x_3$$

投资总收益(随机变量)的方差是(可以用方差来衡量投资风险)

$$\begin{aligned} z_2 &= Ds = x_1^2Ds_1 + x_2^2Ds_2 + x_3^2Ds_3 \\ &+ 2x_1x_2Cov(s_1, s_2) + 2x_1x_3Cov(s_1, s_3) + 2x_2x_3Cov(s_2, s_3) \\ &= 4x_1^2 + 36x_2^2 + 100x_3^2 + 5x_1x_2 - 20x_1x_3 - 30x_2x_3 \end{aligned}$$

这就是我们的目标函数。风险最小即是要求如下二次型函数极小化问题：

$$\min z = Ds = 4x_1^2 + 36x_2^2 + 100x_3^2 + 5x_1x_2 - 20x_1x_3 - 30x_2x_3$$

(3)约束条件：基本约束条件由如下限制合成：

①投资额度：50 万元基金用于购买股票，当前股票 A, B, C 的市值分别是每股 20 元，25 元，30 元，投资总额不超过 50 万元，即 5000 百元，有 $20x_1+25x_2+30x_3\leqslant 5000$

②非负约束：$x_1, x_2, x_3\geqslant 0$。

8.5.3 程序设计

(1)若投资人期望今年得到至少 20％的投资回报，应当如何投资可以使得风险最小?

%期望今年得到至少20%的投资回报,即收益率不低于 $5000\times20\%=1000$(百元)。从而有投资总收益(随机变量)的数学期望 $5x_1+8x_2+10x_3\geqslant1000$。由此与基本约束条件合成如下约束极小化二次规划问题:

$$\min z=Ds=4{x_1}^2+36{x_2}^2+100x_3^2+5x_1x_2-20x_1x_3-30x_2x_3$$

$$s.t.$$

$$20x_1+25x_2+30x_3\leqslant5000;$$

$$5x_1+8x_2+10x_3\geqslant1000;$$

$$x_1,x_2,x_3\geqslant0。$$

整理为等价标准形式(约束不等式改为小于等于号):

$$\min z=Ds=\frac{1}{2}(8x_1\ 2+72{x_2}^2+200x_3^2)+5x_1x_2-20x_1x_3-30x_2x_3$$

$$s.t.$$

$$20x_1+25x_2+30x_3\leqslant5000;$$

$$-(5x_1+8x_2+10x_3)\leqslant-1000;$$

$$x_1,x_2,x_3\geqslant0。$$

由此即可编程求解。

```
%实验目的:应用 quadprog 求投资组合问题。
%主要命令:quadprog
%源程序:
%用 quadprog 命令求解风险投资组合二次规划问题
H0=[8,5,-20;5 72 -30;-20 -30 200];%二次型 Hesse 对称正定矩阵
A=[20 25 30;-5 -8 -10]; %不等式约束系数矩阵
b=[5000 -1000]; %下界系数向量
x=quadprog(H0,[0 0 0],A,b) %用 quadprog 命令求解二次规划问题
%运行结果:
Optimization terminated.
x=1.0e+002 * %表示下面的数字要×10^2
  1.31114130434783
  0.15285326086956
  0.22214673913043
```

8.5.4 结果分析

由结果可以发现,目标最优解为 $x=[131,15,22]$,就是说投资人期望今年得到至少20%的投资回报,应当分别购买股票A,B,C的份额为131手,15手和22手可以使

得风险最小。

利用

$$\min z = Ds = \frac{1}{2}(8x_1^{\ 2} + 72x_2^{\ 2} + 200x_3^2 + 5x_1x_2 - 20x_1x_3 - 30x_2x_3)$$

可以手工计算出(亦可编程)最优值(最小方差)为 $z=68116$。标准差为 261(百元)。

(2)投资回报率与风险有什么关系?

引入权重因子 β,表示投资人对收益和风险的偏好程度,$\beta=0$ 时表示投资人完全冒险,不计后果;$\beta\to\infty$时表示投资人小心谨慎,规避风险。我们用权重因子 β 对目标函数进行加权获得极小化问题

$$\min z = \beta z_2 - z_1$$

即

$$\min z = \beta(4x_1^{\ 2} + 36x_2^{\ 2} + 100x_3^2 + 5x_1x_2 - 20x_1x_3 - 30x_2x_3) - (5x_1 + 8x_2 + 10x_3)$$

我们选取权重因子 β 从 0.0001 到 0.1,以 0.0001 为步长均匀变化,可以描绘出期望收益 Revenue 与风险标准差 Standard Deviation 之间的关系图。

%实验目的:应用 quadprog 求投资组合问题绘制期望收益 Revenue 与风险标准差 Standard Deviation 之间的关系图。

%主要命令:quadprog

%源程序:

```
%描绘预期收益与风险曲线
H0=[8,5,-20;5 72 -30;-20 -30 200];
c=[-5 -8 -10];
A=[20 25 30];
b=5000;
opt=optimset('Large','off','Display','off');
for i=1:1000,
beta=0.0001*i;
H=beta*H0;
x=quadprog(H,c,A,b,[],[],[0 0 0],[],[],opt);
REV(i)=-c*x;%计算预期收益
STD(i)=sqrt(x'*H0*x/2); %计算预期风险用标准差衡量
end
plot(REV,STD) %描绘预期收益与风险图像
xlabel('预期收益(百元)Revenue')
ylabel('标准差(百元)Standard Deviation')
```

```
grid on; title('Altay:投资组合问题预期收益与风险曲线');
%运行结果如图 8.1 所示:
```

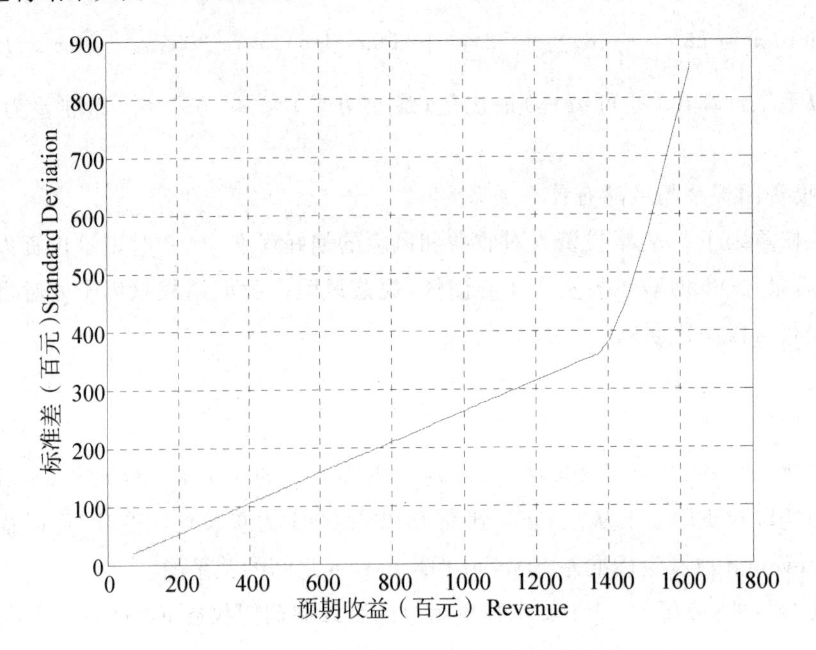

图 8.1 投资组合问题预期收益与风险曲线

由结果可以发现 当预期收益在 0 到 14 万元左右增长时，相应风险大体呈现线性增长；但当预期收益超过 14 万增长时，相应风险呈现迅速的超线性增长；投资人对收益和风险若没有特殊偏好，最好选择拐点(转折点)处的投资组合方案。即投资人应当分别购买股票 A,B,C 的份额为 153 手，35 手和 35 手可以使得风险最小。

实验 8.6 水库供水方案模型

8.6.1 模型问题

某市有甲、乙、丙、丁四个居民区，自来水有 A,B,C 三个水库供应。四个区每天必须得到保证的基本生活水量分别为 30kt,70kt,10kt,10kt(kt 表示“千吨”)。由于水源紧张，三个水库每天最多只能分别供应 50kt,60kt,50kt 自来水。由于地理位置的差别，自来水公司从各水库向各区送水所需付出的引水管理费不同(如表 8.1 所示，其中 C 水库与丁区没有输水管道)，其他管理费用都是 450 元/kt。根据公司规定，各区用户按照统一标准 900 元/kt 收费。此外，4 个区都向公司申请了额外用水量，分别为每天 50kt,70kt,20kt,40kt。该公司应如何分配供水量，才能获利最多？为了增加供水量，自来水公司正在考虑进行水库改造，使三个水库每天的最大供水量都提高一倍，问届时供水方案应如何改变？公司利润可增加到多少？

表 8.1　各居民区引水管理费

引水管理费(元每千吨)	甲	乙	丙	丁
A	160	130	220	170
B	140	130	190	150
C	190	200	230	/

8.6.2　建模求解

由题设,可以得到如下线性规划问题:

假设从 A,B,C 三个水库向甲,乙,丙,丁分别送水为 $x_{i,j}$,$i=1,2,3$;$j=1,2,3,4$,引水管理费为 $c_{i,j}$,$i=1,2,3$;$j=1,2,3,4$;

$$\min z = \sum_{i}^{3}\sum_{j}^{4} c_{i,j}x_{i,j}$$

$$s.t.\quad \sum_{i}^{3} x_{i,j} \geqslant b_j \quad j = 1,2,3,4$$

$$\sum_{j}^{4} x_{i,j} \leqslant d_i \quad i = 1,2,3$$

$$\sum_{i}^{3} x_{i,j} \leqslant m_j \quad j = 1,2,3,4$$

其中 b_j,$j=1,2,3,4$ 为各区的最低需水量,m_j,$j=1,2,3,4$ 为各区的最大需水量,d_i,$i=1,2,3$ 为各水库的供水量。

8.6.3　程序设计

用 lingo 软件编程如下:

```
%源程序:
model:
title TRanWater;
sets:
    demand/1,2,3,4/:a,d;
    supply/1,2,3/:b;
    link(supply,demand):c,x;
endsets
data:
! demand;
    a=30,70,10,10;
```

```
    d=80,140,30,50;
! supply;
    b=100,120,100;
    c=160,130,220,170
140,130,190,150
      190,200,230,100000;
enddata
[obj]max=@sum(link(i,j):450 * x(i,j)-c(i,j) * x(i,j));
@For(demand(j):[DEMAND_CONmin]@sum(supply(i):x(i,j))>=a(j););
@For(demand(j):[DEMAND_CONmax]@sum(supply(i):x(i,j))<=d(j););
@For(supply(i):[SUPPLY_CON]@sum(demand(j):x(i,j))<=b(i););
end
```

运行程序,求解得到:

改造前:

```
Global optimal solution found.
  Objective value:                           47600.00
  Infeasibilities:                           0.000000
  Total solver iterations:                   7
Model Title: TRanWater
            Variable          Value          Reduced Cost
            A(1)              30.00000       0.000000
            A(2)              70.00000       0.000000
            A(3)              10.00000       0.000000
            A(4)              10.00000       0.000000
            D(1)              80.00000       0.000000
            D(2)              140.0000       0.000000
            D(3)              30.00000       0.000000
            D(4)              50.00000       0.000000
            B(1)              50.00000       0.000000
            B(2)              60.00000       0.000000
            B(3)              50.00000       0.000000
            C(1, 1)           160.0000       0.000000
            C(1, 2)           130.0000       0.000000
            C(1, 3)           220.0000       0.000000
            C(1, 4)           170.0000       0.000000
```

```
          C(2, 1)          140.0000          0.000000
          C(2, 2)          130.0000          0.000000
          C(2, 3)          190.0000          0.000000
          C(2, 4)          150.0000          0.000000
          C(3, 1)          190.0000          0.000000
          C(3, 2)          200.0000          0.000000
          C(3, 3)          230.0000          0.000000
          C(3, 4)          100000.0          0.000000
          X(1, 1)          0.000000          30.00000
          X(1, 2)          50.00000          0.000000
          X(1, 3)          0.000000          50.00000
          X(1, 4)          0.000000          20.00000
          X(2, 1)          0.000000          10.00000
          X(2, 2)          50.00000          0.000000
          X(2, 3)          0.000000          20.00000
          X(2, 4)          10.00000          0.000000
          X(3, 1)          40.00000          0.000000
          X(3, 2)          0.000000          10.00000
          X(3, 3)          10.00000          0.000000
          X(3, 4)          0.000000          99790.00
          Row              Slack or Surplus  Dual Price
          OBJ              47600.00          1.000000
     DEMAND_CONMIN(1)            10.00000          0.000000
     DEMAND_CONMIN(2)            30.00000          0.000000
     DEMAND_CONMIN(3)            0.000000          -40.00000
     DEMAND_CONMIN(4)            0.000000          -20.00000
     DEMAND_CONMAX(1)            40.00000          0.000000
     DEMAND_CONMAX(2)            40.00000          0.000000
     DEMAND_CONMAX(3)            20.00000          0.000000
     DEMAND_CONMAX(4)            40.00000          0.000000
     SUPPLY_CON(1)               0.000000          320.0000
     SUPPLY_CON(2)               0.000000          320.0000
     SUPPLY_CON(3)               0.000000          260.0000
```

改造后：

Global optimal solution found.

Objective value: 88700.00

Infeasibilities: 0.000000

Total solver iterations: 7

Model Title: TRanWater

Variable	Value	Reduced Cost
A(1)	30.00000	0.000000
A(2)	70.00000	0.000000
A(3)	10.00000	0.000000
A(4)	10.00000	0.000000
D(1)	80.00000	0.000000
D(2)	140.0000	0.000000
D(3)	30.00000	0.000000
D(4)	50.00000	0.000000
B(1)	100.0000	0.000000
B(2)	120.0000	0.000000
B(3)	100.0000	0.000000
C(1, 1)	160.0000	0.000000
C(1, 2)	130.0000	0.000000
C(1, 3)	220.0000	0.000000
C(1, 4)	170.0000	0.000000
C(2, 1)	140.0000	0.000000
C(2, 2)	130.0000	0.000000
C(2, 3)	190.0000	0.000000
C(2, 4)	150.0000	0.000000
C(3, 1)	190.0000	0.000000
C(3, 2)	200.0000	0.000000
C(3, 3)	230.0000	0.000000
C(3, 4)	100000.0	0.000000
X(1, 1)	0.000000	20.00000
X(1, 2)	100.0000	0.000000
X(1, 3)	0.000000	40.00000
X(1, 4)	0.000000	20.00000
X(2, 1)	30.00000	0.000000
X(2, 2)	40.00000	0.000000
X(2, 3)	0.000000	10.00000

```
X(2, 4)            50.00000          0.000000
X(3, 1)            50.00000          0.000000
X(3, 2)            0.000000          20.00000
X(3, 3)            30.00000          0.000000
X(3, 4)            0.000000          99800.00
Row                Slack or Surplus  Dual Price
OBJ                88700.00          1.000000
DEMAND_CONMIN(1)            50.00000          0.000000
DEMAND_CONMIN(2)            70.00000          0.000000
DEMAND_CONMIN(3)            20.00000          0.000000
DEMAND_CONMIN(4)            40.00000          0.000000
DEMAND_CONMAX(1)            0.000000          260.0000
DEMAND_CONMAX(2)            0.000000          270.0000
DEMAND_CONMAX(3)            0.000000          220.0000
DEMAND_CONMAX(4)            0.000000          250.0000
SUPPLY_CON(1)               0.000000          50.00000
SUPPLY_CON(2)               0.000000          50.00000
SUPPLY_CON(3)               20.00000          0.000000
```

8.6.4 结果分析

由运行结果可知：

改造前的最大利润为 47600 元，由 A 送水 50kt 到乙；由 B 送水 50kt 到乙，送 10kt 到丁；由 C 送 40kt 到甲，送 10kt 到丙。

改造后的结果为 88700 元，由 A 送 100kt 到乙；由 B 送 30kt 到甲，送 40kt 到乙，送 50kt 到丁；由 C 送 50kt 到甲，送 30kt 到丙。

实验 8.7 开发商圈地模型

8.7.1 模型问题

某房地产开发商准备在两片开发区上分别圈出一块长方形土地，并砌围墙将这两块土地分别围起来。每块土地的面积不得小于 1000 平方米，围墙的高度不能低于 2 米。能够用于砌围墙的每块砖是一样的，每块砖的高度为 10 厘米，长度为 30 厘米，宽度为 15 厘米(假设砖的宽度就是围墙的宽度)。该开发商希望用 10 万块砖，使圈出的两块土地的面积之和最大，问应如何圈地？如果两块土地不要求是长方形，而是三角形，结果如何？

8.7.2 建模求解

设第一块地长为 x_1，高为 x_2，宽为 x_3；第一块地长为 y_1，高为 y_2，宽为 y_3，则依题意有如下规划问题：

$$\max x_1x_2 + y_1y_2$$

$$\text{s. t.}$$

$$x_1x_2 \geqslant 10000,$$

$$y_1y_2 \geqslant 10000,$$

$$x_3 \geqslant 2,$$

$$y_1 \geqslant 2,$$

$$2\left(\frac{x_1x_3}{0.3\times 0.1}+\frac{x_2x_3}{0.3\times 0.1}+\frac{y_1y_3}{0.3\times 0.1}+\frac{y_2y_3}{0.3\times 0.1}\right)\leqslant 100000$$

8.7.3 程序设计

用 Lingo 求解：

```
Model：
Max=x1 * x2+y1 * y2；
x1 * x2>=1000；
y1 * y2>=1000；
x3>=2；
y3>=2；
x1 * x3+x2 * x3+y1 * y3+y2 * y3<=1500；
end
```

得

```
Local optimal solution found.
   Objective value：                    118907.9
   Infeasibilities：                    0.000000
   Total solver iterations：            135
      Variable         Value            Reduced Cost
      X1               31.62278         0.000000
      X2               31.62278         -0.1525564E-08
      Y1               343.3772         0.000000
      Y2               343.3772         0.000000
      X3               2.000000         0.000000
```

```
Y3          2.000000           0.000000
Row         Slack or Surplus   Dual Price
1           118907.9           1.000000
2           0.000000           -9.858541
3           116907.9           0.000000
4           0.000000           -10858.54
5           0.000000           -117907.9
6           0.000000           171.6886
```

即

$x_1=x_2=31.62, y_1=y_2=343.38, x_3=y_3=2$

时，两块地的面积之和最大为 118907.9m²。

实验 8.8　利润最大化模型

8.8.1　模型问题

一家糖果商店出售三种不同品牌的果仁糖，每个品牌含有不同比例的杏仁、核桃仁、腰果仁、胡桃仁。为了维护商店的质量信誉，每个品牌中所含有的果仁的最大、最小比例是必须满足的，如表 8.2 所示：

表 8.2　不同品牌果仁糖含量及售价数据

品牌	含量需求	售价(元/公斤)
普通	腰果仁不超过 20%	0.89
	胡桃仁不低于 40%	
	核桃仁不超过 25%	
	杏仁没有限制	
豪华	腰果仁不超过 35%	1.10
	杏仁不低于 40%	
	核桃仁、胡桃仁没有限制	
蓝带	腰果仁含量在 30%～50%之间	1.80
	杏仁不低于 30%	
	核桃仁、胡桃仁没有限制	

表 8.3 列出了商店从供应商每周能够得到的每类果仁的最大数量和每公斤的价格：

表 8.3 不同原料售价及供应量数据

	售价(元/公斤)	每周最大供应量
杏仁	0.45	2000
核桃仁	0.55	4000
腰果仁	0.70	5000
胡桃仁	0.50	3000

商店希望确定每周购进杏仁、核桃仁、腰果仁、胡桃仁的数量,使周利润最大。建立数学模型,帮助该商店管理人员解决果仁混合的问题。

8.8.2 建模求解

设商店每周腰果仁、核桃仁、胡桃仁、杏仁的进货量分别为:x_1,x_2,x_3,x_4,每周普通果仁、豪华果仁、蓝带果仁的产量分别为 x_5,x_6,x_7,设腰果仁、核桃仁、胡桃仁、杏仁分别为原料 1、2、3、4,普通果仁、豪华果仁、蓝带果仁为商品 1、2、3,记 x_{ij} 表示第 j 种原料在第 i 种商品中的含量,$0\leqslant x_{ij}\leqslant 1$,则由题意有:

$$\max\ 0.89x_5+1.10x_6+1.80x_7-0.45x_1-0.55x_2-0.70x_3-0.50x_4$$

$$\text{s.t.}$$

$$x_5x_{i1}+x_6x_{i1}+x_7x_{i1}\leqslant x_i,i=1,2,3,4$$

$$x_1\leqslant 2000,x_2\leqslant 4000,x_3\leqslant 5000,x_4\leqslant 3000$$

$$x_5,x_6,x_7\leqslant 14000,$$

$$0\leqslant x_{11}\leqslant 0.2,0\leqslant x_{12}\leqslant 0.25,0.4\leqslant x_{13}\leqslant 1,0\leqslant x_{14}\leqslant 1,$$

$$0\leqslant x_{21}\leqslant 0.35,0\leqslant x_{22}\leqslant 1,0\leqslant x_{23}\leqslant 1,0.4\leqslant x_{24}\leqslant 1,$$

$$0.3\leqslant x_{31}\leqslant 0.5,0\leqslant x_{32}\leqslant 1,0\leqslant x_{33}\leqslant 1,0.3\leqslant x_{34}\leqslant 1$$

8.8.3 程序设计

Matlab 求解程序如下:

```
%先构造库函数准备调用:
function f=ex8_9(x)
f=-(0.89*x(5)+1.10*x(6)+1.8*x(7)-0.45*x(1)-0.55*x(2)-0.70
*x(3)-0.50*x(4));
end
function [c,ceq]=ex8_9con(x)
c(1)=x(5)*x(8)+x(6)*x(12)+x(7)*x(16)-x(1);
c(2)=x(5)*x(9)+x(6)*x(13)+x(7)*x(17)-x(2);
c(3)=x(5)*x(10)+x(6)*x(14)+x(7)*x(18)-x(3);
```

```
c(4)=x(5)*x(11)+x(6)*x(15)+x(7)*x(19)-x(4);
ceq=[];
end
%运行优化主程序:
v1=[0,0,0,0,0,0,0,0,0,0,0.4,0,0,0,0,0.4,0.3,0,0,0.3];
v2=[2000,4000,5000,3000,14000,14000,14000,0.2,0.25,1,1,0.35,1,1,1,0.5,1,1,1];
x0=[1000,1000,1000,1000,1000,1000,1000,0.1,0,0.35,0.1,0.1,0.1,0.45,0.1,0.1,0.1, 0.5,0.35];  %设定初值
opt=optimset('largescale','off');
opt1=optimset('Algorithm','active-set');%设置参数
[x,v,ef,out,lag]=fmincon(@ex8_9,x0,[],[],[],[],v1,v2,@ex8_9con,opt1)
得:
x=[2000,0,5000,3000,12500,2500,6667,0,0,0.4,0,0,0,0,0.4,0.3,0,0,0.3];
v=-19975;  ef=1;
```

8.8.4 结果说明

每周腰果仁、核桃仁、胡桃仁、杏仁的进货量分别为 2000,0,5000,3000，每周普通果仁、豪华果仁、蓝带果仁的产量分别为 12500,2500,6667,且以第 j 种原料在第 i 种商品中的含量 x_{ij},$0\leqslant x_{ij}\leqslant 1$ 为元素,构成如下矩阵:

$$X=\begin{pmatrix} 0 & 0 & 0.3 \\ 0 & 0 & 0 \\ 0.4 & 0 & 0 \\ 0 & 0.4 & 0.3 \end{pmatrix}$$

可保证商店利润最大,最大利润为 19975 元。

第9章　整数规划

实验9.1　应用LINDO求解线性规划

9.1.1　模型问题

%实验目的:应用lindo求整数规划IP松弛问题,对应的线性规划LP问题

$$\max z = 5x_1 + 8x_2$$

$$\text{s.t.} \quad \begin{cases} x_1 + x_2 \leqslant 6, \\ 5x_1 + 9x_2 \leqslant 45, \\ x_1, x_2 \geqslant 0 \end{cases}$$

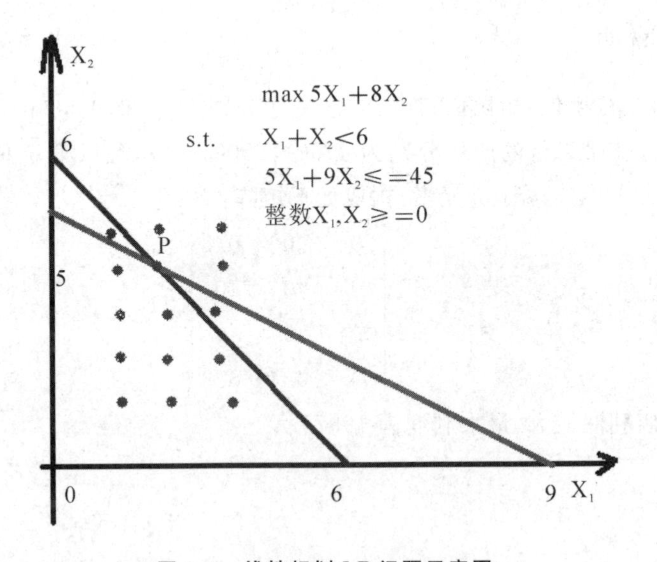

图9.1　线性规划LP问题示意图

9.1.2　程序设计

%实验目的:应用lindo求线性规划问题

%主要命令:lindo格式

%源程序:

```
MAX 5X1+8X2
ST
```

```
X1+X2<6
5X1+9X2<=45
END
%运行结果:
LP OPTIMUM FOUND AT STEP        2
OBJECTIVE FUNCTION VALUE
1)41.25000
VARIABLE          VALUE                    REDUCED COST
X1                2.250000                 0.000000
X2                3.750000                 0.000000
ROW               SLACK OR SURPLUS         DUAL PRICES
2)0.000000        1.250000
3)0.000000        0.750000
NO. ITERATIONS=2
%敏感度分析
RANGES IN WHICH THE BASIS IS UNCHANGED:
OBJ COEFFICIENT RANGES
VARIABLE      CURRENT       ALLOWABLE      ALLOWABLE
              COEF          INCREASE       DECREASE
X1            5.000000      3.000000       0.555556
X2            8.000000      1.000000       3.000000
RIGHTHAND SIDE RANGES
ROW           CURRENT       ALLOWABLE      ALLOWABLE
              RHS           INCREASE       DECREASE
2             6.000000      3.000000       1.000000
3             45.000000     9.000000       15.000000
```

9.1.3　程序说明

模型以 MAX 或 MIN 开头，以 END 结束，默认假设所有变量非负，目标函数与约束条件之间有 ST(Subject To)或 SUCH THAT.隔开。使用 SOLVE 命令求解。

9.1.4　结果说明

本题目即最优解(OBJECTIVE FUNCTION VALUE)为 x=40，最优解各变量值(VARIABLE　VALUE)为 X1=2.250000，X2=3.750000，检验数(REDUCED COST)为 0，松弛或剩余变量(SLACK OR SURPLUS)为 0，表示约束是否起作用，对

偶价格或影子价格(DUAL PRICES)分别为 1.250000 和 0.750000,单纯形法迭代次数(NO. ITERATIONS)为 2。

实验 9.2 应用 LINDO 求解整数规划

9.2.1 模型问题

%实验目的:应用 lindo 求整数线性规划松弛问题

$$\max z = 5x_1 + 8x_2$$

$$\text{s.t.} \begin{cases} x_1 + x_2 \leqslant 6, \\ 5x_1 + 9x_2 \leqslant 45, ; \\ x_1, x_2 \geqslant 0 \end{cases}$$

9.2.2 程序设计

%实验目的:应用 lindo 求线性规划问题。

%主要命令:lindo 格式

%源程序:

```
MAX 5X1+8X2
ST
X1+X2<6
5X1+9X2<=45
END
GIN
```

%运行结果:

```
LAST INTEGER SOLUTION IS THE BEST FOUND
RE-INSTALLING BEST SOLUTION...
OBJECTIVE FUNCTION VALUE
1)40.00000
VARIABLE          VALUE          REDUCED COST
X1                0.000000       -5.000000
X2                5.000000       -8.000000
ROW        SLACK OR SURPLUS       DUAL PRICES
2)1.000000        0.000000
3)0.000000        0.000000
NO. ITERATIONS=11
```

BRANCHES=3 DETERM. =1.000E　　0

9.2.3　程序说明

模型以 MAX 或 MIN 开头，以 END 结束，默认假设所有变量非负，目标函数与约束条件之间有 ST(Subject To)或 SUCH THAT.隔开。使用 SOLVE 命令求解。对于整数型问题 IP(Integer Problem)使用分枝定界法，输入需要在 END 后边缀上 GIN 来标识。

9.2.4　结果说明

本题目即最优解(OBJECTIVE FUNCTION VALUE)为 x=40，最优解各变量值(VARIABLE　VALUE)为 X1=0　,X2=5。

实验 9.3　最短行驶路线的动态规划

9.3.1　模型问题

在从上海(S)到天津(T)的公路网中，货车司机企图找到一条最短路线，图中 A_1 和 A_2，……表示货车经停的城市，路线边的数字表示距离(单位：百公里)若货车要从上海(S)到天津(T)如何选择行驶路线可以使得距离最短?

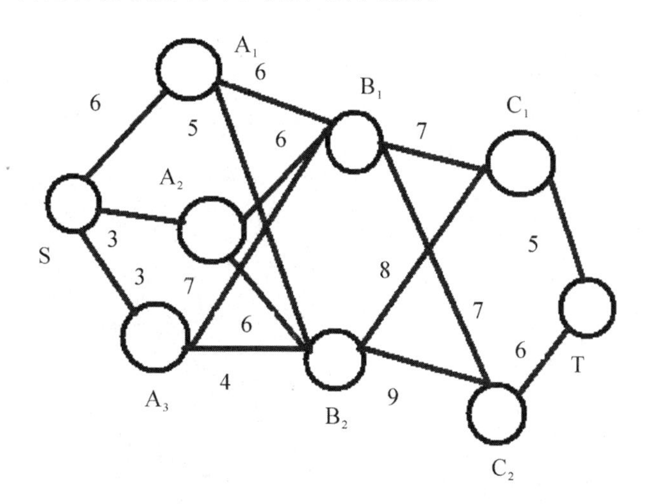

图 9.2　最短行驶路线问题

9.3.2　建模求解

从上海(S)到天津(T)的公路网中，共有 12 条路线，若已经摸到全局最短路线(容易用"枚举法"观察出来)L：S →A_3→B_2→C_1→ T，那么这条最短路线上的任意一点到

T 的局部最短路线(比如 $B_2 \to T$)一定是全局最短路线的子路线:$B_2 \to C_1 \to T$,不然就存在另一条全局最短路线。

这样,为了求得全局最短路线 L: $S \to A_3 \to B_2 \to C_1 \to T$,只要先求得点 A_1,A_2,A_3 到 T 的局部最短路线 $A_3 \to B_2 \to C_1 \to T$,这又只需要先求得点 B_1,B_2 到 T 的局部最短路线 $B_2 \to C_1 \to T$,最后,这只需要先求得点 C_1,C_2 到 T 的局部最短路线 $C_1 \to T$。

基于以上分析,我们把决策问题的全过程划分为若干子阶段,依照一定次序求解,这叫

动态规划(Dynamic Programming)的多阶段决策(Multi－stage decision making)。我们利用 lingo 求此动态规划问题。

9.3.3 程序设计

```
%实验目的:应用 lingo 求动态规划问题。
%主要命令:lingo 格式
%源程序:
model:
SETS:
CITIES/1..9/:L;
ROADS(CITIES,CITIES)/
9,6,9,7,9,8
6,4,6,5,7,4,7,5,8,4,8,5
4,2,4,3,5,2,5,3
2,1,3,1/:D;
endsets
DATA:
D=
6 3 3
6 5 8 6 7 4
6 7 8 9
5 6 ;
ENDDATA
L(1)=0;
@FOR(CITIES(i)|i#GT#1:
L(i)=@MIN(ROADS(i,j):D(i,j)+L(j))
);
END
```

%运行结果：

```
Feasible solution found at iteration:      0
Variable                                   Value
L(1)                                       0.000000
L(2)                                       5.000000
L(3)                                       6.000000
L(4)                                       11.00000
L(5)                                       13.00000
L(6)                                       17.00000
L(7)                                       19.00000
L(8)                                       17.00000
L(9)                                       20.00000
D(9, 6)                                    6.000000
D(9, 7)                                    3.000000
D(9, 8)                                    3.000000
D(6, 4)                                    6.000000
D(6, 5)                                    5.000000
D(7, 4)                                    8.000000
D(7, 5)                                    6.000000
D(8, 4)                                    7.000000
D(8, 5)                                    4.000000
D(4, 2)                                    6.000000
D(4, 3)                                    7.000000
D(5, 2)                                    8.000000
D(5, 3)                                    9.000000
D(2, 1)                                    5.000000
D(3, 1)                                    6.000000
Row                                        Slack or Surplus
1                                          0.000000
2                                          0.000000
3                                          0.000000
4                                          0.000000
5                                          0.000000
6                                          0.000000
7                                          0.000000
```

8	0.000000
9	0.000000

9.3.4 程序说明

模型以 model 开头，以 END 结束，中间以“;”隔开，默认假设所有变量非负，目标函数以“MAX=”或“MIN=”给出。所有函数均以“@”符号开头。使用 SOLVE 命令求解。对于整数型问题 IP(Intger Problem)，输入时需要在 END 前边插上 GIN 来标识。

CITIES 表示由 1—9 组成的集合，为基本集合，属性 L(i)表示最优行驶线路长，ROADS 表示网络中的弧，以下数据是具体罗列，属性 D(i,j)是城市 i,j 的直接距离。D 赋值的顺序对应于 ROADS 中的弧的顺序。L(1)=0 是边界条件。集合循环语句 # GT # 表示逻辑关系“大于”。L(i)=@MIN(ROADS(i,j):D(i,j)+L(j)))即为动态规划基本方程。

LINGO 程序必有集合部分和数据部分。可以没有目标函数和初始条件。

9.3.5 结果说明

本题目即最优解(OBJECTIVE FUNCTION VALUE)行驶线路长为 L(9)=20(百公里)。 全局最短路线 L：$S \to A_3 \to B_2 \to C_1 \to T$。

实验 9.4 选课方案模型

9.4.1 模型问题

学校提供给大三同学的课程是必修课 1 门(2 学分)、限选课 8 门(学分不同)、任选课 10 门(学分不同)，各课程可能关联，凡选修某门课程必须同时选修另一门课程的，另一门课程称为“捆绑课程”。学校规定每个学期课程(包括必修的课程)总学分不可低于 20 分，且任选课的学分比例不可少于总学分的 1/6，也不可超过总学分的 1/3。如下表。

表 9.1 选课问题

限选课号	1	2	3	4	5	6	7	8			
学分	5	5	4	4	3	3	3	2			
捆绑课号					1		2				
任选课号	9	10	11	12	13	14	15	16	17	18	
学分	3	3	3	2	2	2	2	1	1	1	1
捆绑课号	8	6	4	5	7	6					

选课学生企图规划方案："为达到学校要求，应当至少选修几门课程？又是哪几门？"

9.4.2 建模求解

(1)决策变量：对于 18 门选修课程，首先设出是否选修某门课程作为决策变量：x_1，x_2，x_3，x_4，……x_{18}，$x_i \in \{0,1\}$。$x_i=1$ 表示选修某门课程，$x_i=0$ 表示不选修某门课程。凡选修某门课程 i 必须同时选修另一门课程 j 的捆绑课程，用顺序关系标记为 $x_j \geqslant x_i$；限选课总学分记为 y_1，任选课总学分记为 y_2，每个学期课程(包括必修的课程)总学分记为 y。

(2)目标函数：目标函数为 18 门选修课程总量，可用"特征函数之和"表示为：$z=\sum_{i=1}^{18} x_i$，要求选修课程总量极小化。

(3)约束条件：约束条件由如下限制合成：

①总学分不可低于 20 分：限选课总学分记为 y_1，任选课总学分记为 y_2，即有

$$y_1 = 5x_1 + 5x_2 + 4x_3 + 4x_4 + 3x_5 + 3x_6 + 3x_7 + 2x_8;$$

$$y_2 = 3x_9 + 3x_{10} + 3x_{11} + 2x_{12} + 2x_{13} + 2x_{14} + x_{15} + x_{16} + x_{17} + x_{18};$$

总学分为限选课总学分 y_1，任选课总学分 y_2 加上必修课 1 门(2 学分)，即

$$y = y_1 + y_2 + 2 \geqslant 20;$$

②任选课的学分比例不可少于总学分的 1/6，也不可超过总学分的 1/3：即有 $3y_2 \leqslant y \leqslant 6y_2$；

③捆绑课：即有 $x_1 \geqslant x_5$；$x_2 \geqslant x_7$；$x_8 \geqslant x_9$；$x_6 \geqslant x_{10}$；$x_4 \geqslant x_{11}$；$x_5 \geqslant x_{12}$；$x_7 \geqslant x_{13}$；$x_6 \geqslant x_{14}$；

于是我们有整数线性规划问题 min z：

$$\min z = \sum_{i=1}^{18} x_i$$

$$s.t.\ y_1 = 5x_1 + 5x_2 + 4x_3 + 4x_4 + 3x_5 + 3x_6 + 3x_7 + 2x_8;$$

$$y_2 = 3x_9 + 3x_{10} + 3x_{11} + 2x_{12} + 2x_{13} + 2x_{14} + x_{15} + x_{16} + x_{17} + x_{18};$$

$$y = y_1 + y_2 + 2 \geqslant 20;$$

$$3y_2 \leqslant y \leqslant 6y_2;$$

$$x_1 \geqslant x_5; x_2 \geqslant x_7; x_8 \geqslant x_9; x_6 \geqslant x_{10}; x_4 \geqslant x_{11}; x_5 \geqslant x_{12}; x_7 \geqslant x_{13}; x_6 \geqslant x_{14};$$

由此即可编程求解。

9.4.3 程序设计

%实验目的：应用 lindo 求整数规划问题。

%主要命令：lindo 格式

%源程序：

```
MIN X1+X2+X3+X4+X5+X6+X7+X8+X9+X10+X11+X12+X13+X14
+X15+X16+X17+X18
ST
5X1+5X2+4X3+4X4+3X5+3X6+3X7+2X8-y1=0
3X9+3X10+3X11+2X12+2X13+2X14+X15+X16+X17+X18-y2=0
y1+y2-y=-2
y>=20
6y2-y>=0
3y2-y<=0
X1-X5>=0
X2-X7>=0
X8-X9>=0
X6-X10>=0
X4-X11>=0
X5-X12>=0
X7-X13>=0
X6-X14>=0
END
INT 18
%运行结果：
LP OPTIMUM FOUND AT STEP 15
OBJECTIVE VALUE=4.30555534
FIX ALL VARS.(8) WITH RC > 0.100000
SET X10 TO >=1 AT 1, BND=-5.000 TWIN=-5.200 75
NEW INTEGER SOLUTION OF 5.00000000 AT BRANCH 1 PIVOT 75
BOUND ON OPTIMUM: 5.000000
DELETE X10 AT LEVEL 1
ENUMERATION COMPLETE. BRANCHES=1 PIVOTS=75
LAST INTEGER SOLUTION IS THE BEST FOUND
RE-INSTALLING BEST SOLUTION...
OBJECTIVE FUNCTION VALUE
1)     5.000000
VARIABLE        VALUE          REDUCED COST
X1              1.000000       1.000000
X2              1.000000       1.000000
```

X3	0.000000	1.000000
X4	0.000000	1.000000
X5	0.000000	1.000000
X6	1.000000	1.000000
X7	0.000000	1.000000
X8	0.000000	1.000000
X9	0.000000	1.000000
X10	1.000000	1.000000
X11	0.000000	1.000000
X12	0.000000	1.000000
X13	0.000000	1.000000
X14	1.000000	1.000000
X15	0.000000	1.000000
X16	0.000000	1.000000
X17	0.000000	1.000000
X18	0.000000	1.000000
Y1	13.000000	0.000000
Y2	5.000000	0.000000
Y	20.000000	0.000000

ROW	SLACK OR SURPLUS	DUAL PRICES
2)	0.000000	0.000000
3)	0.000000	0.000000
4)	0.000000	0.000000
5)	0.000000	0.000000
6)10.000000	0.000000	
7)	5.000000	0.000000
8)	1.000000	0.000000
9)	1.000000	0.000000
10)	0.000000	0.000000
11)	0.000000	0.000000
12)	0.000000	0.000000
13)	0.000000	0.000000
14)	0.000000	0.000000
15)	0.000000	0.000000

NO. ITERATIONS=76

BRANCHES=1 DETERM. =1.000E 0

9.4.4 程序说明

模型以 MIN 开头，以 END 结束，默认假设所有变量非负，目标函数与约束条件之间有 ST(Subject To)或 SUCH THAT. 隔开。使用 SOLVE 命令求解。

9.4.5 结果说明

本整数规划问题即最优解(OBJECTIVE VALUE)不惟一，目标函数值可以为 5，即最少选修 5 门课，最优解各变量值(VARIABLE VALUE)为 $x_1=x_4=x_6=x_{10}=x_{14}=0,y_1=13,y_2=5,y=20$。可能存在其他解。

实验 9.5 钢管下料模型

9.5.1 模型问题

无缝钢管是制造坦克炮筒的重要材料。钢管销售商从首钢进货，要按照军工厂的要求切割钢管，称为下料。假定原料钢管的原始长度都是 19(单位：米 m)。

(1)西南军工厂需要 50 根长 4m，20 根长 6m 和 15 根长 8m 的钢管，应当如何下料最节约？

(2)销售商若切割花样太多，则将增加成本，所以不同切割方式不能超过 3 种。

(3)若西南军工厂还紧急追加需要 10 根长 5m 的钢管，应当如何下料最节约？

9.5.2 建模求解

西南军工厂需要 50 根长 4m，20 根长 6m 和 15 根长 8m 的钢管，且自然假定剩余钢管长度应当不超过有用钢管最小长度(4m)，这样简单计算一下，合理切割模式可以统计如下(共 7 种)，如表 9.2 所示：

表 9.2 合理切割模式

切割模式	1	2	3	4	5	6	7
4m 钢管数	4	3	2	1	1	0	0
6m 钢管数	0	1	0	2	1	3	0
8m 钢管数	0	0	1	0	1	0	2
剩余钢管数	3	1	3	3	1	1	3

“下料最节约”的含义，可以理解为：1. 切割后剩余钢管总料量最小；或者，2. 被切割的原料钢管的总根数最少。针对这两种目标，依照上述客户需要图表建立约束条件，我

们分别有不同的整数规划问题。

设 x_i 即 $x_1,x_2,\cdots,x_7$ 是按照第 i 种切割模式被切割的原料钢管的根数。

9.5.3 模型1—线性整数规划

令切割后剩余钢管总料量最小；

$$\min z_1 = 3x_1 + x_2 + 3x_3 + 3x_4 + x_5 + x_6 + 3x_7$$

$$\text{s.t.}\ 4x_1 + 3x_2 + 2x_3 + x_4 + x_5 \geqslant 50;$$

$$x_1 + 2x_4 + x_5 + 3x_6 \geqslant 20;$$

$$x_3 + x_5 + 2x_7 \geqslant 15.$$

由此即可编程求解。

```
%模型1程序设计
%实验目的:应用lindo求整数规划问题
%主要命令:lindo格式
%源程序:
MIN 3X1+X2+3X3+3X4+X5+X6+3X7
ST
4X1+3X2+2X3+X4+X5>=50
X2+2X4+X5+3X6>=20
X3+X5+2X7>=15
END
GIN   7
%运行结果:
LAST INTEGER SOLUTION IS THE BEST FOUND
RE-INSTALLING BEST SOLUTION...
OBJECTIVE FUNCTION VALUE
1)27.00000
VARIABLE            VALUE            REDUCED COST
X1                  0.000000         3.000000
X2                  12.000000        1.000000
X3                  0.000000         3.000000
X4                  0.000000         3.000000
X5                  15.000000        1.000000
X6                  0.000000         1.000000
X7                  0.000000         3.000000
ROW   SLACK OR SURPLUS      DUAL PRICES
```

```
2)1.000000            0.000000
3)7.000000            0.000000
4)0.000000            0.000000
NO. ITERATIONS=11
BRANCHES=1 DETERM. =1.000E    0
```

程序说明：

模型以 MIN 开头，以 END 结束，默认假设所有变量非负，目标函数与约束条件之间有 ST(Subject To)或 SUCH THAT. 隔开。使用 SOLVE 命令求解。

求解说明：

本题目即最优解目标函数钢管余料量值为 27，即依照模式 2 切割 12 根钢管，依照模式 5 切割 15 根钢管。

9.5.4 模型 2—线性整数规划

令被切割的原料钢管的总根数最少：

$$\min z_2 = x_1 + x_2 + x_3 + x_4 + x_5 + x_6 + x_7$$

$$s.t.\ 4x_1 + 3x_2 + 2x_3 + x_4 + x_5 \geqslant 50;$$

$$x_1 + 2x_4 + x_5 + 3x_6 \geqslant 20;$$

$$x_3 + x_5 + 2x_7 \geqslant 15$$

由此即可编程求解。

```
%模型 2 程序设计
%实验目的:应用 lindo 求整数规划问题
%主要命令:lindo 格式
%源程序:
MIN X1+X2+X3+X4+X5+X6+X7
ST
4X1+3X2+2X3+X4+X5>=50
X2+2X4+X5+3X6>=20
X3+X5+2X7>=15
END
GIN  7
%运行结果:
LAST INTEGER SOLUTION IS THE BEST FOUND
RE-INSTALLING BEST SOLUTION...
OBJECTIVE FUNCTION VALUE
1)25.00000
```

```
VARIABLE            VALUE               REDUCED COST
X1                  0.000000            1.000000
X2                  15.000000           1.000000
X3                  0.000000            1.000000
X4                  0.000000            1.000000
X5                  5.000000            1.000000
X6                  0.000000            1.000000
X7                  5.000000            1.000000
ROW   SLACK OR SURPLUS       DUAL PRICES
2)0.000000          0.000000
3)0.000000          0.000000
4)0.000000          0.000000
NO. ITERATIONS=5
BRANCHES=0          DETERM. =1.000E0
```

程序说明：

模型以 MIN 开头，以 END 结束，默认假设所有变量非负，目标函数与约束条件之间有 ST(Subject To)或 SUCH THAT. 隔开。使用 SOLVE 命令求解。

求解说明：

本题目即最优解(OBJECTIVE FUNCTION VALUE)目标函数钢管总根数值为 25，即依照模式 2 切割 15 根钢管，依照模式 5 切割 5 根钢管，依照模式，7 切割 5 根钢管，共 25 根钢管。

9.5.5　模型 3—非线性整数规划

问题 2. 切割钢管的模式不超过 3 种，总根数最少：

设 x_i 即 x_1, x_2, x_3 是按照第 i 种切割模式被切割的原料钢管的根数。第 i 种切割模式下，西南军工厂需要的长 4m、5m、6m 和 8m 的钢管根数分别是 $r_{1i}, r_{2i}, r_{3i}, r_{4i}$，则有如下非线性整数规划问题：

$$
\begin{aligned}
\min z_3 &= x_1 + x_2 + x_3 \\
\text{s.t. } r_{11}x_1 + r_{12}x_2 + r_{13}x_3 &\geqslant 50; \\
r_{21}x_1 + r_{22}x_2 + r_{23}x_3 &\geqslant 10; \\
r_{31}x_1 + r_{32}x_2 + r_{33}x_3 &\geqslant 20; \\
r_{41}x_1 + r_{42}x_2 + r_{43}x_3 &\geqslant 15; \\
16 \leqslant 4r_{11} + 5r_{21} + 6r_{31} + 8r_{41} &\leqslant 19; \\
16 \leqslant 4r_{12} + 5r_{22} + 6r_{32} + 8r_{42} &\leqslant 19; \\
16 \leqslant 4r_{13} + 5r_{23} + 6r_{33} + 8r_{43} &\leqslant 19.
\end{aligned}
$$

由此即可编程求解。

9.5.6 模型3程序设计 *A*

```
%实验目的:应用 lingo 求整数规划问题。
%主要命令:lingo 格式
%源程序:
model:
MIN=x1+x2+x3;
x1*r11+x2*r12+x3*r13>=50;
x1*r21+x2*r22+x3*r23>=10;
x1*r31+x2*r32+x3*r33>=20;
x1*r41+x2*r42+x3*r43>=15;
4*r11+5*r21+6*r31+8*r41<=19;
4*r12+5*r22+6*r32+8*r42<=19;
4*r13+5*r23+6*r33+8*r43<=19;
4*r11+5*r21+6*r31+8*r41>=16;
4*r12+5*r22+6*r32+8*r42>=16;
4*r13+5*r23+6*r33+8*r43>=16;
x1+x2+x3>=26;
x1+x2+x3<=31;
x1>=x2;
x2>=x3;
@GIN(x1);@GIN(x2);@GIN(x3);
@GIN(r11);@GIN(r12);@GIN(r13);
@GIN(r21);@GIN(r22);@GIN(r23);
@GIN(r31);@GIN(r32);@GIN(r33);
@GIN(r41);@GIN(r42);@GIN(r43);
END
%运行结果:
  Local optimal solution found at iteration:        15693
  Objective value:                                  28.00000
Variable        Value           Reduced Cost
X1              10.00000        0.000000
X2              10.00000        2.000000
X3              8.000000        1.000000
```

R11	2.000000	0.000000
R12	3.000000	0.000000
R13	0.000000	0.000000
R21	1.000000	0.000000
R22	0.000000	0.000000
R23	0.000000	0.000000
R31	1.000000	0.000000
R32	1.000000	0.000000
R33	0.000000	0.000000
R41	0.000000	0.000000
R42	0.000000	0.000000
R43　2.000000	0.000000	

Row	Slack or Surplus	Dual Price
1	28.00000	−1.000000
2	0.000000	0.000000
3	0.000000	0.000000
4	0.000000	0.000000
5	1.000000	0.000000
6	0.000000	0.000000
7	1.000000	0.000000
8	3.000000	0.000000
9	3.000000	0.000000
10	2.000000	0.000000
11	0.000000	0.000000
12	2.000000	0.000000
13	3.000000	0.000000
14	0.000000	−1.000000
15	2.000000	0.000000

程序说明：

模型以 model 开头，以 END 结束，中间以“;”隔开，默认假设所有变量非负，目标函数以“MAX=”或“MIN=”给出。所有函数均以“@”符号开头。使用 SOLVE 命令求解。对于整数型问题 IP(Integer Problem)，输入时需要在 END 前边插上 GIN 来标识。

求解说明：

本题目即局部最优解(LOCAL OPTIMAL SOLUTION)迭代次数为 15693(因软

件而异)，依照模式 1,2,3 分别切割原料钢管为 10,10,8 根，总数为 28 根。

9.5.7 模型 3－非线性整数规划定义集合方法

模型 3 程序设计 B

%本整数规划问题也可以应用 lingo 定义集合方法求解，这是更一般的方法。可显示 Lingo 强大功能。

%文件名:p224lg. lg

%实验目的:应用 lingo 定义集合方法求整数规划问题。

%主要命令:lingo 格式

%源程序:

```
model:
SETS:
NEEDS/1..4/:LENGTH,NUM;
CUTS/1..3/:X;
PATTERNS(NEEDS,CUTS):R;
ENDSETS
DATA:
LENGTH=4 5 6 8;
NUM=50 10 20 15;
CAPACITY=19;
ENDDATA
MIN=@SUM(CUTS(I):X(I));
@FOR(NEEDS(I):@SUM(CUTS(J):X(J) * R(I,J))>NUM(I));
@FOR(CUTS(J):@SUM(NEEDS(I):LENGTH(I) * R(I,J))<CAPACITY);
@FOR(CUTS(J):@SUM(NEEDS(I):LENGTH(I) * R(I,J))>CAPACITY
-@MIN(NEEDS(I):LENGTH(I)));
@SUM(CUTS(I):X(I))>26;@SUM(CUTS(I):X(I))<31;
@FOR(CUTS(I)|I#LT#@SIZE(CUTS):X(I)>X(I+1));
@FOR(CUTS(J):@GIN(X(J)));
@FOR(PATTERNS(I,J):@GIN(R(I,J)));
END
```

%运行结果:

```
  Local optimal solution found at iteration:          1199
  Objective value:                                    28.00000
Variable          Value          Reduced Cost
```

```
CAPACITY        19.00000          0.000000
LENGTH(1)       4.000000          0.000000
LENGTH(2)       5.000000          0.000000
LENGTH(3)       6.000000          0.000000
LENGTH(4)       8.000000          0.000000
NUM(1)          50.00000          0.000000
NUM(2)          10.00000          0.000000
NUM(3)          20.00000          0.000000
NUM(4)          15.00000          0.000000
X(1)            10.00000          0.000000
X(2)            10.00000          2.000000
X(3)            8.000000          1.000000
R(1, 1)         2.000000          0.000000
R(1, 2)         3.000000          0.000000
R(1, 3)         0.000000          0.000000
R(2, 1)         1.000000          0.000000
R(2, 2)         0.000000          0.000000
R(2, 3)         0.000000          0.000000
R(3, 1)         1.000000          0.000000
R(3, 2)         1.000000          0.000000
R(3, 3)         0.000000          0.000000
R(4, 1)         0.000000          0.000000
R(4, 2)         0.000000          0.000000
R(4, 3)         2.000000          0.000000
Row             Slack or Surplus  Dual Price
1               28.00000          -1.000000
2               0.000000          0.000000
3               0.000000          0.000000
4               0.000000          0.000000
5               1.000000          0.000000
6               0.000000          0.000000
7               1.000000          0.000000
8               3.000000          0.000000
9               4.000000          0.000000
10              3.000000          0.000000
```

11	1.000000	0.000000
12	2.000000	0.000000
13	3.000000	0.000000
14	0.000000	−1.000000
15	2.000000	0.000000

程序说明：

模型以 model 开头，以 END 结束，中间以“;”隔开，默认假设所有变量非负，目标函数以“MAX=”或“MIN=”给出。所有函数均以“@”符号开头。使用 SOLVE 命令求解。

对于整数型问题 IP(Intger Problem)，输入时需要在 END 前边插上 GIN 来标识。程序将具体数据完全独立出来。通用性强于实验 8。

```
NEEDS/1..4/: LENGTH, NUM; ! 定义基本集合 NEEDS 及其属性 LENGTH,NUM
CUTS/1..3/:X;! 定义基本集合 CUTS 及其属性 X
PATTERNS(NEEDS,CUTS):R; ! 定义派生集合 PATTERNS 及其属性 R
ENDSETS
DATA:
LENGTH=4 5 6 8;
NUM=50 10 20 15;
CAPACITY=19;
ENDDATA
MIN=@SUM(CUTS(I):X(I));! 目标函数
@FOR(NEEDS(I):@SUM(CUTS(J):X(J) * R(I,J))>NUM(I));! 满足需求约束
@FOR(CUTS(J):@SUM(NEEDS(I):LENGTH(I) * R(I,J))<CAPACITY);
! 合理切割模式约束
@FOR(CUTS(J):@SUM(NEEDS(I):LENGTH(I) * R(I,J))>CAPACITY
-@MIN(NEEDS(I):LENGTH(I))); ! 合理切割模式约束
@SUM(CUTS(I):X(I))>26;@SUM(CUTS(I):X(I))<31;! 人为增加约束
@FOR(CUTS(I)|I#LT#@SIZE(CUTS):X(I)>X(I+1)); ! 人为增加约束
@FOR(CUTS(J):@GIN(X(J)));
@FOR(PATTERNS(I,J):@GIN(R(I,J)));
END
```

求解说明：

本题目即局部最优解(LOCAL OPTIMAL SOLUTION)迭代次数为 1199(因软件

和算法而异)，依照模式1,2,3分别切割原料钢管为10,10,8根，总数为28根。

实验9.6 原油采购与加工方案

9.6.1 模型问题

某公司用两种原油(A和B)混合加工成两种汽油(甲和乙)。甲、乙两种汽油含原油A的最低比例分别为50%和60%，每吨售价分别为4800元和5600元。该公司现有原油A和B的库存量分别为500t和1000t(t表示“吨”)，还可以从市场上买到不超过1500t的原油A。原油A的市场价为：购买量不超过500t时的单价为10000元/t；购买量超过500t但不超过1000t时，超过500t的部分8000元/t；购买量超过1000t时，超过1000t的部分6000元/t。该公司应如何安排原油的采购和加工？请分别建立连续规划和整数规划模型来求解这个问题。

9.6.2 建模求解

设原油A的购买量为x，根据题目所给数据，采购的支出$c(x)$可表为如下的分段线性函数(以下价格以千元/t为单位)：

$$c(x)=\begin{cases}10x,0\leqslant x\leqslant 500\\1000+8x,500\leqslant x\leqslant 1000\\3000+6x,1000\leqslant x\leqslant 1500\end{cases}$$

设原油A用于生产甲、乙两种汽油的数量分别为x_{11},x_{12}，原油B用于生产甲、乙两种汽油的数量分别为x_{21},x_{22}，则总收入为$4.8(x_{11}+x_{21})+5.6(x_{12}+x_{22})$。于是可得如下规划问题(目标函数为利润)

$$\max z=4.8(x_{11}+x_{21})+5.6(x_{12}+x_{22})-c(x)$$

$$s.t.\ x_{11}+x_{12}\leqslant 500+x$$

$$x_{21}+x_{22}\leqslant 1000$$

$$x\leqslant 1500$$

$$\frac{x_{11}}{x_{11}+x_{21}}\geqslant 0.5$$

$$\frac{x_{21}}{x_{12}+x_{22}}\geqslant 0.6$$

$$x_{11},x_{12},x_{21},x_{22},x\geqslant 0$$

9.6.3 连续规划模型

将原油A的采购量x分解为三个量，即用x_1,x_2,x_3分别表示以价格10千元/t、8千元/t、6千元/t采购的原油A的吨数，总支出为$c(x)=10x_1+8x_2+6x_3$，且$x=x_1+$

x_2+x_3，这时目标函数变为

$$\max z = 4.8(x_{11}+x_{21})+5.6(x_{12}+x_{22})-(10x_1+8x_2+x_3)$$

应该注意到，只有当以 10 千元/t 的价格购买 $x_1=500$/t 时，才能以 8 千元/t 的价格购买 $x_2(x_2>0)$，这个条件可以表示为 $(x_1-500)x_2=0$。同理，只有当以 8 千元/t 的价格购买 $x_2=500$/t 时，才能以 6 千元/t 的价格购买 $x_3(x_3>0)$，于是 $(x_2-500)x_3=0$。此外有 $0\leqslant x_1,x_2,x_3\leqslant 500$。

用 Lingo 编程，源程序如下：

```
model:
max=4.8*(x11+x21)+5.6*(x12+x22)-10*x1-8*x2-6*x3;
x11+x12<=500+x;
x21+x22<=1000;
0.5*x11-0.5*x21>0;
0.4*x12-0.6*x22>0;
x=x1+x2+x3;
(x1-500)*x2=0;
(x2-500)*x3=0;
x1<=500;
x2<=500;
x3<=500;
```

运行程序，求解得到：

```
Local optimal solution found.
Objectve value:                        4800.000
Infeasibilities:                       0.5560952E-11
Total solver iterations:               24
Variable          Value        Reduced Cost
X11            500.0000         0.000000
X21            500.0000         0.000000
X12            0.000000         0.2666667
X22            0.000000         0.000000
X1             0.000000         0.4000000
X2             0.000000         0.000000
X3             0.000000         0.000000
X              0.000000         0.000000
```

最优解是用库存的 500/t 原油 A、500/t 原油 B 生产 1000/t 汽油甲，不购买新的原油 A，利润为 4800000 元。

9.6.4　整数规划模型

引入 0－1 变量将上述约束转化为线性约束，令 $y_1=1, y_2=1, y_3=1$ 分别表示以 10 千元/t、8 千元/t、6 千元/t 的价格采购原油 A，则得到

$$500y_1 \leqslant x_1 \leqslant 500y_2, 500y_3 \leqslant x_2 \leqslant 500y_2, x_3 \leqslant 500y_3, y_1, y_2, y_3 = 0,1$$

得到整数规划模型。

用 Lingo 编程，源程序如下：

```
model:
max=4.8*(x11+x21)+5.6*(x12+x22)-10*x1-8*x2-6*x3;
x11+x12<=500+x;
x21+x22<=1000;
0.5*x11-0.5*x21>0;
0.4*x12-0.6*x22>0;
x=x1+x2+x3;
x1-500*y1<0;
x2-500*y2<0;
x3-500*y3<0;
x1-500*y2>0;
x2-500*y3>0;
@bin(y1);@bin(y2);@bin(y3);
end
```

运行程序，求解得到：

```
Global optimal solution found.
Objective value:                    5000.000
Objective bound:                    5000.000
Infeasibilities:                    0.2273737E-12
Extended solver steps:              3
Total solver iterations:            12
Variable        Value           Reduced Cost
X11             0.000000        0.000000
X21             0.000000        0.000000
X12             1500.000        0.000000
X22             1000.000        0.000000
X1              500.0000        0.000000
X2              500.0000        0.000000
```

X3	0.000000	0.000000
X	1000.000	0.000000
Y1	1.000000	0.000000
Y2	1.000000	200.0000
Y3	0.000000	−1400.000

最优方案是购买 1000t 原油 A，与库存的 500t 原油 A 和 1000t 原油 B 一起，共生产 2500t 汽油乙，利润为 5000000 元，高于非线性规划模型得到的结果。

第 10 章　数据统计分析

实验 10.1　成绩统计模型

10.1.1　模型问题

某学校 60 名学生的一次考试成绩如下：

93	75	83	93	91	85	84	86	77	76	77	95	94	89	91
88	86	83	96	81	79	97	78	75	67	69	68	84	83	81
75	66	85	70	94	84	86	82	80	78	74	73	76	70	86
76	90	89	71	66	86	73	80	94	79	78	77	63	53	55

作直方图，计算均值、标准差、极差、偏度、峰度。

10.1.2　建模求解

%实验目的：对于给定成绩数据，应用 hist 求直方图，均值 mean，中位数 medain，极差 range，标准差 std，偏度 skewness，峰度 kurtosis。

%主要命令：hist 求直方图，均值 mean，中位数 medain，极差 range，标准差 std，偏度 skewness，峰度 kurtosis

%源程序：

用 matlab 求解，源程序如下：

```
x=[93,75,83,93,91,85,84,86,77,76,77,95,94,89,91,...
   88,86,83,96,81,79,97,78,75,67,69,68,84,83,81,...
   75,66,85,70,94,84,86,82,80,78,74,73,76,70,86,...
   76,90,89,71,66,86,73,80,94,79,78,77,63,53,55];
[n,y]=hist(x),   %频数表
hist(x), grid on   %直方图
x1=mean(x),x2=std(x),x3=range(x),x4=skewness(x),x5=kurtosis(x)
```

可得，均值为 80.2167，标准差为 9.7600，极差为 44，偏度为 −0.4903，峰度为 3.1168.

作直方图如图 10.1 所示：

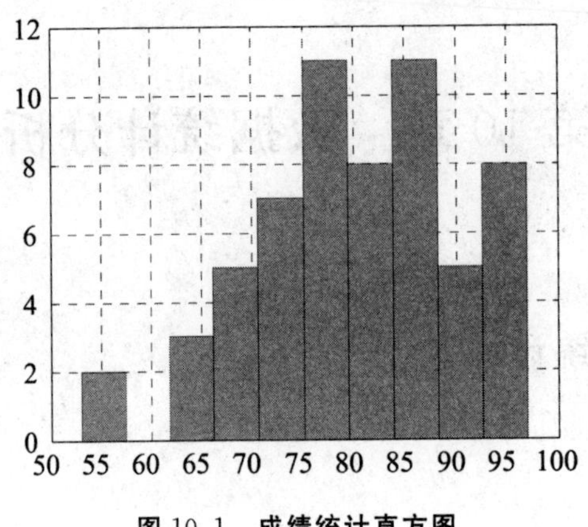

图 10.1 成绩统计直方图

实验 10.2 应用 dlmread 命令剥离数据

%实验目的：对于海量数据，可应用 dlmread 命令剥离数据，单独建立数据文件以备调用

%主要命令：dlmread

%首先建立单独的数据文件，命名为 bankdata1.m：

```
100  110  136  97  104  100  95  120  119  99
126  113  115  108  93  116102  122  121  122
118  117  114  106  110  119  127  119  125  119
105  95  117  109  140  121  122  131  108  120
115  112  130  116  119  134  124  128  115  110
```

%使用 dlmread 命令读写调用建立好的数据文件 bankdata1.m。

%源程序：

```
A=dlmread('bankdata1.m');  %使用 dlmread 命令读写数据文件 bankdata1.m。
X=[A(1,:) A(2,:) A(3,:) A(4,:) A(5,:)];%获得行向量
[N,Y]=hist(X),%频数表
hist(X),%描绘直方图
x1=mean(X),x2=median(X) %均值 mean,中位数 medain
x3=range(X),x4=std(X) %极差 range,标准差 std
x5=skewness(X),x6=kurtosis(X) %偏度 skewness,峰度 kurtosis
title('Altay:数据统计直方图');
```

%运行结果：

```
N=5   0   0   0   0   0   4   14   25   7
Y=7   21   35   49   63   77   91   105   119   133
```

x1＝1.047818181818182e＋002

x2＝115

x3＝140

x4＝35.03473985393636

x5＝－2.39705531743590

x6＝7.62131220373785

如图 10.2 所示。

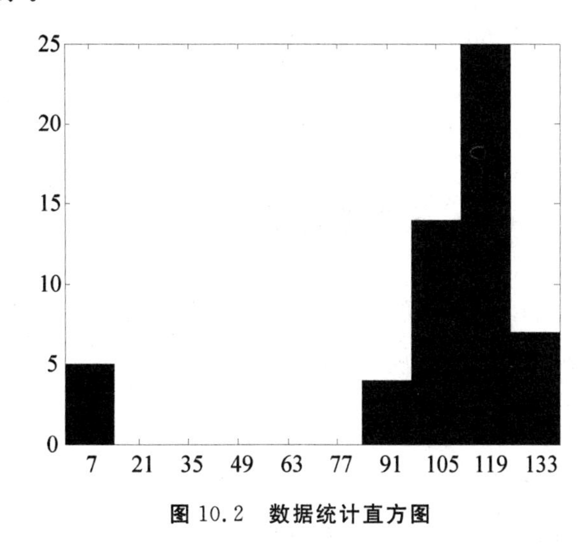

图 10.2　数据统计直方图

实验 10.3　概率分布与数字特征分析模型

%实验目的:应用 pdf 求概率密度,cdf 求分布函数,inv 求逆分布,stat 求期望与方差,rnd 生成随机数。

%主要命令:pdf　cdf　inv　stat　rnd

%源程序:

y1＝normpdf(1.5,1,2) %正态分布 N(1,2^2)在 x＝1.5 处的概率密度

y2＝binopdf(5:8,20,0.2) %二项分布 B(20,0.2)在 k＝5,6,7,8 处的概率

y3＝normcdf([－1 0 1.5],0,2) %正态分布 N(0,2^2)在 x＝－1,0,1.5 处的分布函数

y4＝fcdf(1,10,50) %F 分布 F(10,50)在 x＝1 处的分布函数

y5＝norminv(0.7734,0,2) %正态分布 N(0,2^2)在 alpha＝0.7734 处的分位数

y6＝tinv([0.3,0.999],10) %t 分布 t(10)在 alpha＝0.3,处的分位数,0.999 的分位数

[m1,v1]＝normstat(1,4) %正态分布 N(1,4^2)的期望与方差

[m2,v2]＝fstat(3,5) %F 分布 F(3,5)的期望与方差

%运行结果：

y1=0.19333405840142

y2 = 0. 17455952155688 0. 10909970097305 0. 05454985048653 0.02216087676015

y3=0.30853753872599 0.50000000000000 0.77337264762313

y4=0.54364309451963

y5=1.50018166661255

y6=-0.54152803875502 4.14370049404659

m1=1 v1=16

m2=1.66666666666667 v2=11.11111111111111

实验 10.4 3sigma(3σ)法则的验证

%实验目的：3sigma(3σ)法则的验证：从正态分布总体 $N(\mu,\sigma^2)$ 随机采样，求随机变量取值落在区间$(\mu-\sigma,\mu+\sigma)$，$(\mu-2\sigma,\mu+2\sigma)$，$(\mu-3\sigma,\mu+3\sigma)$，内的概率。

%主要命令：normcdf

%源程序：

%3sigma 法则

p1=1-2*normcdf(-1)%正态分布 N(mu,sigma^2)取值在(mu-sigma,mu+sigma)内的概率；

p2=1-2*normcdf(-2)%正态分 N(mu,sigma^2)取值在(mu-2sigma,mu+2sigma)内的概率；

p3=1-2*normcdf(-3)%正态分 N(mu,sigma^2)取值在(mu-3sigma,mu+3sigma)内的概率；

%运行结果：

p1=0.68268949213709

p2=0.95449973610364

p3=0.99730020393674

%结果说明：可见随机变量取值落在区间$(\mu-\sigma,\mu+\sigma)$，$(\mu-2\sigma,\mu+2\sigma)$，$(\mu-3\sigma,\mu+3\sigma)$，内的概率分别约为 0.683，0.954，0.997，即落在中心为均值，半径为 3σ 的区间内的概率几乎为 1。

实验 10.5　正态分布模型

10.5.1　模型问题

已知某机床加工零件尺寸随机变量(单位:cm)服从正态分布总体 $N(\mu,\sigma^2)=N(20,1.5^2)$。

(1)任意采样一个零件,求尺寸在区间[19,22]内的概率;

(2)若规定尺寸不小于标准值 x_0 才算作合格零件,要让合格品的比例为 90%,如何确定标准值 x_0?

(3)采样 25 个零件构成样本,求样本均值 $\bar{x}$ 尺寸在区间[19,22]内的概率。

10.5.2　建模求解

零件尺寸(单位:cm)服从正态分布总体 $N(20,1.5^2)$,记密度函数为 $f(x)$,分布函数为 $F(x)$。

(1)任意采样一个零件,尺寸在区间[19,22]内的概率为

$$p=\int_{19}^{22} f(x)\mathrm{d}x = F(22)-F(19)$$

(2)要让合格品的比例为 90%,标准值 x_0 应当满足

$$0.9=\int_{x_0}^{\infty} f(x)\mathrm{d}x = 1-F(x_0)$$

从而

$$F(x_0)=1-0.9=0.1$$

(3)采样 25 个零件构成样本,样本均值 $\bar{x}$ 依然服从正态分布,且均值 $\bar{x}$ 的期望为 $E\bar{x}=\mu=20$,均值 $\bar{x}$ 的方差为 $D\bar{x}=\frac{\sigma^2}{n}=\frac{1.5^2}{25}$,均值 $\bar{x}$ 的标准差为$\sqrt{D\bar{x}}=\frac{1.5}{5}$,记密度函数为 $f_1(x)$,分布函数为 $F_1(x)$。均值 $\bar{x}$ 尺寸在区间[19,22]内的概率为

$$p_1=\int_{19}^{22} f_1(x)\mathrm{d}x = F_1(22)-F_1(19)$$

10.5.3　程序设计

%应用 norminv 求分位数,normcdf 求分布函数值(概率)

%主要命令:pdf　cdf　inv　stat　rnd

%源程序:

%正态分布概率问题：

P1＝normcdf(22,20,1.5)－normcdf(19,20,1.5)

%正态分布变量 N(20,1.5^2)落在区间 (19,22)内的概率；

x0＝norminv(0.1,20,1.5) %正态分布 N(20,1.5^2)在 alpha＝0.1 处的分位数

P2＝normcdf(22,20,1.5/5)－normcdf(19,20,1.5/5)

%正态分布变量 N(20,1.5^2)的样本均值服从 N(20,1.5^2/5)落在区间 (19,22)内的概率；

%运行结果：

P1＝0.65629624272721

x0＝18.07767265168310

P2＝0.99957093965372

10.5.4 结果分析

(1)任意采样一个零件，尺寸在区间[19,22]内的概率约为 0.6563；

(2)若规定尺寸不小于标准值 x_0 才算作合格零件，要让合格品的比例为 90%，标准值 x_0 应当取为 18.08；

(3)采样 25 个零件构成样本，样本均值 $\bar{x}$ 尺寸在区间[19,22]内的概率约为 0.99957。

可见样本均值落在总体均值(即期望 μ)附近的概率几乎为 1。事实上，概率论的知识告诉我们，样本均值的期望就是总体均值：$E\bar{x}=\mu$。

实验 10.6 蒙特卡罗随机模拟投点法计算二重积分

10.6.1 模型问题

炮弹弹着点二维随机变量(X,Y)(单位：m)服从椭圆形区域：$\Omega:\frac{x^2}{a^2}+\frac{y^2}{b^2}\leqslant 1$ 上的二维正态分布总体(其边缘分布变量相互独立)，概率密度函数为二元函数

$$f(x,y)=\frac{1}{2\pi\sigma_x\sigma_y}\exp\left[-\frac{1}{2}\left(\frac{x^2}{\sigma_x{}^2}+\frac{y^2}{\sigma_y{}^2}\right)\right]$$

假定各参数为(单位：m)：长半轴长 $a=120$，短半轴长 $b=80$；标准差 $\sigma_x=60$，$\sigma_y=40$。

求每发炮弹落在椭圆形区域 Ω 内的概率。

10.6.2　建模求解

由二维随机变量(X,Y)的概率计算公式，炮弹落在椭圆形区域 Ω 内的概率为二重积分

$$p=\iint\limits_{\Omega} f(x,y)\mathrm{d}x\mathrm{d}y=\iint\limits_{\Omega}\frac{1}{2\pi\sigma_x\sigma_y}\exp\left[-\frac{1}{2}\left(\frac{x^2}{\sigma_x{}^2}+\frac{y^2}{\sigma_y{}^2}\right)\right]\mathrm{d}x\mathrm{d}y$$

若标记椭圆形区域 Ω 在第一象限的部分为区域 Ω_1，其面积为区域 Ω 面积的 1/4，则炮弹落在区域 Ω 内的概率为落在区域 Ω_1 内的概率的 4 倍，即二重积分

$$p=4\iint\limits_{\Omega_1} f(x,y)\mathrm{d}x\mathrm{d}y=4\iint\limits_{\Omega_1}\frac{1}{2\pi\sigma_x\sigma_y}\exp\left[-\frac{1}{2}\left(\frac{x^2}{\sigma_x{}^2}+\frac{y^2}{\sigma_y{}^2}\right)\right]\mathrm{d}x\mathrm{d}y$$

这个二重积分的解析解不易获得，我们作数值运算。为方便电算，离散化为近似值

$$p=4\iint\limits_{\Omega_1} f(x,y)\mathrm{d}x\mathrm{d}y\approx\frac{4ab}{n}\sum_{k=1}^{m} f(x_k,y_k)$$

其中点$(x_k,y_k)\in\Omega_1$。取百米为单位，则各参数为(单位：百米)：长半轴长 $a=1.20$，短半轴长 $b=0.80$；标准差 $\sigma_x=0.60$，$\sigma_y=0.40$。

10.6.3　程序设计

%应用命令 unifrnd(a,b,m,n)生成区间[a,b]上的 m 行 n 列随机数，用命令 rand(m,n)生成标准区间[0,1]上的 m 行 n 列随机数。

%主要命令：unifrnd(a,b,m,n)，rand(m,n)

%源程序：

```
%随机模拟投点法计算二重积分的近似值
%蒙特卡罗 MONTE-CARLO 随机模拟投点法计算二重积分的近似值
a=1.2;b=0.8;%椭圆积分区域的长短半轴
sx=0.6;sy=0.4;%横纵轴方向的标准差
n=100000;m=0;z=0;%随机投掷点 100000 次，
x=unifrnd(0,1.2,1,n);%产生 1 行 n 列区间[0,1.2]上的随机数
y=unifrnd(0,0.8,1,n);%产生 1 行 n 列区间[0,0.8]上的随机数；
for i=1:n
    u=0;
    if x(i)^2/a^2+y(i)^2/b^2<=1
        u=exp(-0.5*(x(i)^2/sx^2+y(i)^2/sy^2));
        z=z+u;
    m=m+1;
    end
```

```
end
%取二元函数 f(x,y)=exp(-0.5*(x(i)^2/sx^2+y(i)^2/sy^2))
P=4*a*b*z/2/pi/sx/sy/n
%运行结果随机出现不惟一:
P=0.86481796368164
P=0.85924317092738
P=0.86147772110556
P=0.86768100366143
P=0.86532473425649……
```

10.6.4 结果分析

结果出现的每个随机数,都可以作为二重积分的近似值,也就是每发炮弹落在椭圆形区域 Ω 内的概率。可见用蒙特卡罗随机模拟投点法计算二重积分的近似值是有效的,很多无法获得精确解析解的积分都可以用随机方法获得数值解,这是数值积分的好方法。只是其缺点也是明显的——结果不但不确定唯一,甚至是"随机"的!当然,这并不妨碍我们对它价值的肯定。

实验 10.7 蒙特卡罗投点法和均值法计算圆周率 π 的近似值

10.7.1 模型问题

试计算圆周率 π 的近似值。

10.7.2 建模求解

%实验模型:向平面区域第一象限内的连长为 1 的正方形区域随机投掷 n 次点,次数足够多时,若落在 1/4 单位圆 Ω_1 的点有 k 个,则由"几何概率"的算法,落在 1/4 单位圆 Ω_1 内的概率为 $p=k/n$,而圆周率 π 即单位圆 Ω 的面积约为 $\pi\approx 4\dfrac{k}{n}$。同时,我们知道这个单位圆 Ω 面积:

(1)用重积分表示就是 $\pi\approx 4p=\iint\limits_{\Omega} f(x,y)\mathrm{d}x\mathrm{d}y=\iint\limits_{\Omega}\mathrm{d}x\mathrm{d}y$。

(2)用单积分表示就是 $\pi\approx 4p=4\int_0^1 f(x)\mathrm{d}x=4\int_0^1\sqrt{1-x^2}\mathrm{d}x$。

(3)用均值(离散和)表示就是 $\pi\approx 4p=4\int_0^1 f(x)\mathrm{d}x\approx 4\dfrac{1-0}{n}\sum\limits_{i=1}^{n}f(x_i)$。

由此可以分别用两种随机方法确定圆周率 π 的近似值。

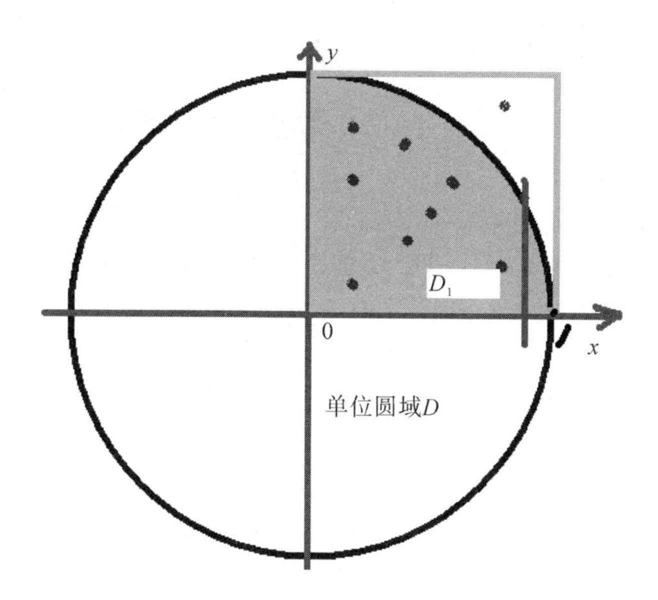

图 10.3　蒙特卡罗投点法计算圆周率的近似值

10.7.3　程序设计

1. 蒙特卡罗 Monte-Carlo 投点法计算圆周率 π 的近似值

%应用命令 rand(m,n)生成标准区间[0,1]上的 m 行 n 列随机数. 用蒙特卡罗 MONTE-CARLO 随机模拟投点法计算 pi 的近似值

%主要命令：rand(m,n)

%源程序：

```
%蒙特卡罗 MONTE-CARLO 随机模拟投点法计算 pi 的近似值
n=1000;%投点 1000 次
x=rand(2,n);%产生 2 行 n 列标准区间[0,1]上的随机数
k=0;
for i=1:n
    if x(1,i)^2+x(2,i)^2<=1
        k=k+1;
    end
end
%循环控制范围在单位圆形区域内
pi=4*k/n
%运行结果随机出现,不惟一:
pi=3.09600000000000
pi=3.15600000000000
```

```
pi=3.13200000000000
pi=3.18400000000000
```

2.蒙特卡罗 Monte-Carlo 均值法计算圆周率 π 的近似值

%实验目的：

应用命令 rand(m,n)生成标准区间[0,1]上的 m 行 n 列随机数，用均值估计法计算 pi 的近似值，与蒙特卡罗 MONTE-CARLO 随机模拟投点法比较

%主要命令：rand(m,n)

%源程序：

```
%均值估计法计算 pi 的近似值，与蒙特卡罗 MONTE-CARLO 随机模拟投点法比较
n=50000;%投点 50000 次
x=rand(1,n);%产生 1 行 n 列标准区间[0,1]上的随机数
y=0;
for i=1:n
    y=y+sqrt(1-x(i)^2);
end
%取函数 f(x)=sqrt(1-x^2)
pi=4*y/n
```

%运行结果：

```
pi=3.13505130469298
```

实验 10.8 我是卖报小行家(报童的收入问题)

10.8.1 模型问题

上世纪四十年代的香港，报童(现在已经不允许雇佣童工)每天早上从《大公报》发行部购买来报纸，晚上把没有卖掉的报纸退回。若每份报纸的批发价为 a，零售价为 b，返还价(发行部返还报童的钱)为 c；且有 $a \geq b \geq c$。每天报纸需求量是随机的，为了赚钱最多，报童每天应当批发多少份报纸？假定参数为 $a=0.8$，$b=1$，$c=0.75$。

再假定经过调查统计，已经获得采样数据如表 10.1 所示：

表 10.1 报童卖报数据

需求量	100～	120～	140～	160～	180～	200～	220～	240～	260～	280～
天数	3	9	13	22	32	35	20	15	8	2

10.8.2　建模求解

我们以报童的长期平均收入作为决策目标函数。由经验可知，报纸需求量可视为随机变量 X，（测量数据本来是离散的，但数量充分大时可视为连续型随机变量，比如温度、长度等等都是这样），且由经验可知 X 服从正态分布。记报童每天购买的报纸数量为 n，分析：

（1）当供大于求即 $x<n$ 时：售出 x 份，退回 $n-x$ 份；因为每份报纸的批发价为 a，零售价为 b，返还价（发行部返还报童的钱）为 c，所以每售出 1 份报童赚钱 $b-a$，每退回 1 份报童赔钱 $a-c$，因此当供大于求，即售出 x 份，退回 $n-x$ 份时，报童赚钱为

$$(b-a)x-(a-c)(n-x);$$

（2）当供不应求即 $x>n$ 时：n 份进货报纸全部售出，报童赚钱为 $(b-a)n$；

设报纸需求量 X 所服从的正态分布的概率密度为 $f(x)$，则报童每天平均赚钱为

$$V(n)=\int_0^n[(b-a)x-(a-c)(n-x)f(x)]\mathrm{d}x+\int_n^\infty(b-a)nf(x)\mathrm{d}x$$

为确定驻点获得极大值，将上式关于 n 求导，令 $V'(n)=0$，即

$$V'(n)=(b-a)nf(n)-\int_0^n(a-c)f(x)\mathrm{d}x-(b-a)nf(n)+\int_n^\infty(b-a)f(x)\mathrm{d}x$$

$$=-\int_0^n(a-c)f(x)\mathrm{d}x+\int_n^\infty(b-a)f(x)\mathrm{d}x=0;$$

因

$$\int_0^n(a-c)f(x)\mathrm{d}x\approx(a-c)\int_{-\infty}^n f(x)\mathrm{d}x$$

从而有

$$(a-c)\int_{-\infty}^n f(x)\mathrm{d}x=(b-a)\int_n^\infty f(x)\mathrm{d}x=(b-a)[1-\int_{-\infty}^n f(x)\mathrm{d}x]$$

移项得

$$[(a-c)+(b-a)]\int_{-\infty}^n f(x)\mathrm{d}x=b-a$$

即 $\int_{-\infty}^n f(x)\mathrm{d}x=\frac{b-a}{b-c}$。

由此反解出积分限 n，就是报童的最佳进货量。

10.8.3　程序设计

```
%报童利润模型求解，使用正态逆概率分布确定报纸份数
%主要命令：norminv(q,rbar,s)
```

```
%源程序:
%报童利润模型求解,使用正态逆概率分布确定报纸份数
a=0.8;b=1;c=0.75;%进价为a,零售价为b,回扣为c.
q=(b-a)/(b-c);%概率
r=[3 9 13 22 32 35 20 15 8 2];%报纸需求量的天数
rr=sum(r);
x=110:20:290;%需求量取区间中点
rbar=r*x'/rr%计算期望
s=sqrt(r*(x.^2)'/rr-rbar^2)%计算标准差
n=norminv(q,rbar,s)%报童利润模型求解,使用正态逆概率分布确定进货报纸份数n
%运行结果:
rbar=1.994339622641510e+002%计算期望
s=38.70945284612496%计算标准差
n=2.320126597194392e+002%进货报纸份数n
```

10.8.4 结果说明:

报童利润模型求解,需求量均值为 199 份,标准差为 38.7(约为 39 份)报童应当购进报纸份数为 232 份。

实验 10.9 路灯更换方案

10.9.1 模型问题

海淀区路灯管理处负责维护学院路上的路灯。在更换路灯时,路灯管理处要运用云梯车线路检测,向电力公司提出电力使用申请,向公安交通管理局提出道路管制申请,并要向工人们支付薪水,这些费用远远超过灯泡本身的价格。因此为了节约成本,灯泡坏一个换一个肯定不划算。根据经验,路灯管理处的方案是"整批更换",即到了一定时间(称为更换周期),无论灯泡好坏全部更新。城建局通过监察路灯是否正常工作就是监督路灯管理处。若出现一只灯泡不亮,城建局就会依照折合计时对路灯管理处罚款(不亮的时间越久罚款越多)。显然,罚款额度越高,更换周期就要相对设定越短。换早了,灯泡还没坏;换晚了,罚款增多。路灯管理处的问题是:多久进行一次全部更新最合适?

10.9.2 建模求解

假定每个灯泡的更新价格为 a,包括灯泡的成本和安装时分摊到每个灯泡的费用。

城建局对每个不亮的灯泡单位时间(小时)的罚款额度为 b 元。灯泡寿命为可视为随机变量 X,且由经验可知 X 服从正态分布 $N(\mu,\sigma^2)$,记概率密度函数为 $f(x)$,即有

$$f(x)=\frac{1}{\sqrt{2\pi}\sigma}\exp\left[-\frac{(x-\mu)^2}{2\sigma^2}\right]$$

标记更换周期为 T,灯泡总数为 K,则更换灯泡的费用为 Ka,承受的罚款为

$$Kb\int_{-\infty}^{T}(T-x)f(x)\mathrm{d}x$$

则一个更换周期内的费用是二者之和,即为

$$Ka+Kb\int_{-\infty}^{T}(T-x)f(x)\mathrm{d}x$$

目标函数设定为单位时间内的平均费用,即

$$F(T)=\frac{Ka+Kb\int_{-\infty}^{T}(T-x)f(x)\mathrm{d}x}{T}$$

为获得驻点得出最小值,令导函数为 0,即 $F(T)=0$,则有(变限积分求导)

$$\int_{-\infty}^{T}xf(x)\mathrm{d}x=\frac{a}{b}$$

(1)若以灯泡的平均寿命即正态分布随机变量 X 的数学期望(均值)μ 作为更换周期即 $T=\mu$,则有

$\int_{-\infty}^{\mu}xf(x)\mathrm{d}x=\frac{a}{b}$;由此反解得 $b=\frac{a}{\int_{-\infty}^{\mu}xf(x)\mathrm{d}x}$,这可以作为城建局罚款额度的标准。

(2)为了利用 MATLAB 现有命令,我们作简单变形。

$$\begin{aligned}\int_{-\infty}^{T}xf(x)\mathrm{d}x&=\int_{-\infty}^{T}x\frac{1}{\sqrt{2\pi}\sigma}\exp\left[-\frac{(x-\mu)^2}{2\sigma^2}\right]\mathrm{d}x\\&=\mu\int_{-\infty}^{T}f(x)\mathrm{d}x-\sigma^2\frac{1}{\sqrt{2\pi}\sigma}\exp\left[-\frac{(T-\mu)^2}{2\sigma^2}\right]\\&=\mu F(T)-\sigma^2 f(T)\end{aligned}$$

从而有

$$\mu F(T)-\sigma^2 f(T)=\frac{a}{b}$$

特别当 $T=\mu$,则有 $f(\mu)=\frac{1}{\sqrt{2\pi}\sigma}$,$F(\mu)=\frac{1}{2}$,从而有 $\frac{\mu}{2}-\frac{\sigma}{\sqrt{2\pi}}=\frac{a}{b}$;于是

$$b=\frac{a}{\int_{-\infty}^{\mu}xf(x)\mathrm{d}x}=\frac{a}{\frac{\mu}{2}-\frac{\sigma}{\sqrt{2\pi}}}$$

10.9.3　程序设计

%编程假设:灯泡寿命为随机变量 X,服从正态分布 N(4000,100^2),记灯泡本身的价格为每只 80 元,城建局对每个不亮的灯泡单位时间(小时)的罚款额度为 b=0.02 元/小时。

```
%路灯更换策略模型求解
%主要命令:normcdf
%源程序:
%路灯更换策略模型求解
a=80;b=0.02;aoverb=a/b
mu=4000;s=100;
t=mu;  %设定初值
step=0.1;%周期增加或减少的步长
var=0.01;%误差限
vp=mu*normcdf(t,mu,s)-s^2*normpdf(t,mu,s);  %计算 vp
if vp>aoverb%左边大于右边,T 减少
    while (vp-aoverb)>var
        t=t-step;
        vp=mu*normcdf(t,mu,s)-s^2*normpdf(t,mu,s);
    end
end
if vp<aoverb%左边小于右边,T 增加
    while (aoverb-vp)>var
        t=t+step;
        vp=mu*normcdf(t,mu,s)-s^2*normpdf(t,mu,s);
    end
end
vp,t
%运行结果:
aoverb=4000
vp=3.999990025857641e+003
t=4.458900000001233e+003%更换周期
```

10.9.4　结果说明

路灯最佳更换周期约为 4459 小时。

当城建局的罚款额度增加为 $b=0.1$ 元/小时，更改条件运行程序，可得相应的最佳更换周期约为 3918 小时，大大缩短。这与我们的经验是一致的。

实验 10.10　冰淇淋的体积计算模型

10.10.1　模型问题

某种冰淇淋的下部为锥体，上部为半球。设它由锥面 $z=\sqrt{x^2+y^2}$ 和球面 $x^2+y^2+(z-1)^2=1$ 围成，用蒙特卡罗方法计算它的体积。

10.10.2　建模求解

依题意，根据锥面 $z=\sqrt{x^2+y^2}$ 和球面 $x^2+y^2+(z-1)^2=1$ 在空间中的相对位置关系，锥面 $z=\sqrt{x^2+y^2}$ 和球面 $x^2+y^2+(z-1)^2=1$ 在上半空间相交于圆

$$x^2+y^2=1, z=1$$

因此，所求冰淇淋的体积

$$V=\iint_S [(1+\sqrt{1-x^2-y^2}-\sqrt{x^2+y^2}]\mathrm{d}x\mathrm{d}y, \qquad S: x^2+y^2 \leqslant 1$$

可用均值估计法和随机投点法分别来求解。程序实现如下：

10.10.3　程序设计

解法 1：均值估计法

```
%源程序：
n=100000;z=0;
x=unifrnd(-1,1,1,n);
y=unifrnd(-1,1,1,n);
for i=1:n
    if x(i)^2+y(i)^2<=1
      u=1+sqrt(1-x(i)^2-y(i)^2)-sqrt(x(i)^2+y(i)^2);
      z=z+u;
    end
end
p=4/n*z
```

运行 4 次，输出结果：

p=3.1393　3.1414　3.1492　3.1422

求平均值　p=3.1430

结论:冰淇淋的体积约为 3.14。

解法 2:随机投点法

```
%源程序:
>>n=100000;m=0;
>>x=unifrnd(-1,1,1,n);
>>y=unifrnd(-1,1,1,n);
>>z=unifrnd(0,2,1,n);
>>for i=1:n
if (x(i)^2+y(i)^2<=1)&(sqrt(x(i)^2+y(i)^2)<=z(i))&(z(i)<=1+sqrt(1-x(i)^2-y(i)^2))
    m=m+1;
end
```

运行 4 次,输出结果:

p=3.1419　3.1437　3.1440　3.1377

求平均值　p=3.1418

结论:冰淇淋的体积约为 3.14。

第 11 章　统计推断

实验 11.1　假设检验(双边置信区间)

11.1.1　模型问题

%实验题目:用 $N(5,1^2)$随机数产生 $n=100$ 的样本,给定置信度 $\alpha=0.05$,分别在总体方差 σ^2 已知为 $\sigma^2=1$ 和 σ^2 未知的情况下检验总体均值 $\mu=5$ 和 $\mu=5.25$。

%实验目的:应用[h,sig,ci,z]求 z 检验,应用[h,sig,cit] 求 t 检验。

%主要命令:[h,sig,ci,z]　[h,sig,cit]

11.1.2　程序设计

```
%源程序:
x=normrnd(5,1,100,1)%产生正态分布 N(5,1^2)随机数 100 个
m=mean(x)%样本均值
[h0,sig0,ci0,z0]=ztest(x,5,1)%z 检验
[h1,sig1,ci1,z1]=ztest(x,5.25,1)
[h,sig,cit]=ttest(x,5)%t 检验
[h1,sig1,cit1]=ttest(x,5.25)
%运行结果(随机):
m=4.93230373260229
h0=0
sig0=0.49842963713059
ci0=4.73630733414828　5.12830013105629
z0=-0.67696267397713
h1=1
sig1=0.00148826189075
ci1=4.73630733414828　5.12830013105629
z1=-3.17696267397713
h=0
sig=0.49032500276033
```

cit=4.73829788984133　5.12630957536325

h1=1

sig1=0.00158096103511

cit1=4.73829788984133　5.12630957536325

11.1.3　结果说明

样本均值 $\bar{x}$ 即 $m=4.9323$。

(1)对于 z 检验和 t 检验都接收了总体均值 $\mu=5$ 的假设，而拒绝了 $\mu=5.25$ 的假设。

(2)在总体方差已知为 $\sigma^2=1$ 的情况下，使用 z 检验，在总体均值 $\mu=5$ 的假设下，标准化样本统计量 $z_0=\dfrac{\bar{x}-\mu}{\sigma/\sqrt{n}}=\dfrac{\bar{x}-5}{1/\sqrt{n}}$ 的值为 $z0=-0.67696267397713$，总体均值 $\mu=5$ 的双侧置信区间为　$ci0=[4.73630733414828，5.12830013105629]$。

(3)在总体方差已知为 $\sigma^2=1$ 的情况下，使用 z 检验，在总体均值 $\mu=5.25$ 的假设下，标准化样本统计量 $z_0=\dfrac{\bar{x}-\mu}{\sigma/\sqrt{n}}=\dfrac{\bar{x}-5.25}{1/\sqrt{n}}$ 的值为 $z1=-3.17696267397713$，总体均值 $\mu=5.25$ 的双侧置信区间为　$ci1=[4.73630733414828，5.12830013105629]$。

(4)在总体方差未知的情况下，使用 t 检验，在总体均值 $\mu=5$ 的假设下，t 统计量 $t=\dfrac{\bar{x}-\mu}{s/\sqrt{n}}$，总体均值 $\mu=5$ 的双侧置信区间为

$cit=[4.73829788984133,5.12630957536325]$

(5)在总体方差未知的情况下，使用 t 检验，在总体均值 $\mu=5.25$ 的假设下，t 统计量 $t=\dfrac{\bar{x}-\mu}{s/\sqrt{n}}$，总体均值 $\mu=5.25$ 的双侧置信区间为

$cit1=[4.73829788984133,5.12630957536325]$

实验 11.2　假设检验(单边置信区间)

11.2.1　模型问题

%实验题目：用 $N(5,1^2)$ 随机数产生 $n=100$ 的样本，分别给定置信度 $\alpha=0.05$ 和 $\alpha=0.01$，在总体方差 σ^2 未知的情况下检验总体均值 $\mu\geqslant5.2$。

%在总体方差未知的情况下，使用 t 检验，作假设 $H0:\mu\geqslant5.2$。$H1:\mu<5.2$。

11.2.2　程序设计

```
%主要命令:[h,sig,ci,z]  [h,sig,cit]
%源程序:
x=normrnd(5,1,100,1)%产生正态分布 N(5,1^2)随机数 100 个
m=mean(x)%均值
[h1,sig1,cit1]=ttest(x,5.2,0.05,-1)
[h2,sig2,cit2]=ttest(x,5.2,0.01,-1)
%运行结果(随机):
m=5.04792906447279
h1=1
sig1=0.04152559117873
cit1=-Inf  5.19213453225217
h2=0
sig2=0.04152559117873
cit2=-Inf  5.25329578976349
```

11.2.3　结果说明

样本均值 $\bar{x}$ 即 $m=5.04792906447279$。

%在总体方差未知的情况下,使用 t 检验,作假设 $H0:\mu\geqslant 5.2$。$H1:\mu<5.2$。在总体均值 $\mu=5$ 的假设下,给定置信度 $\alpha=0.05$ 和 $\alpha=0.01$,检验总体均值 $\mu\geqslant 5.2$。

(1)对于置信度 $\alpha=0.05$,此时 $sig1=0.04152559117873<\alpha=0.05$,因此拒绝 $H0$:$\mu\geqslant 5.2$;且总体均值 $\mu\geqslant 5.2$ 的双侧置信区间为 $cit1=[-Inf\ ,\ 5.19213453225217]$,即约$(-\infty,5.1921]$,不包括 5.2。

(2)对于置信度 $\alpha=0.01$,此时 $sig2=0.04152559117873>\alpha=0.01$,因此接受 $H0$:$\mu\geqslant 5.2$;且总体均值 $\mu\geqslant 5.2$ 的双侧置信区间为 $cit2=[-Inf\ ,5.25329578976349]$,即约$(-\infty,5.2533]$,包括 5.2。

实验 11.3　双正态总体均值相等的 z 检验

11.3.1　模型问题

%实验题目:分别用 $N(5,1^2)$和 $N(5.2,0.8^2)$随机数产生 $n=100$ 的样本,给定置信度 $\alpha=0.05$,在总体标准差已知为 $\sigma_1=1$ 和 $\sigma_2=0.8$ 的情况下检验双正态总体均值 $\mu_1=\mu_2$。

11.3.2 程序设计

%实验目的:假设 $H0$:双正态总体均值 $\mu_1=\mu_2$,首先建立双边和单边检验库函数,命名为 ztest2,再应用命令求双正态总体均值 z 检验。

%主要命令:length,mean,normcdf,[h,sig]=ztest2(x,y,sigma1,sigma2,alpha,tail)

%源程序:

%首先建立双边和单边检验库函数:

```
function [h,sig]=ztest2(x,y,sigma1,sigma2,alpha,tail)
n1=length(x);
n2=length(y);
xbar=mean(x);
ybar=mean(y);
z=(xbar-ybar)/sqrt(sigma1^2/n1+sigma2^2/n2);
if tail==0
    u=norminv(1-alpha/2);
    sig=2*(1-normcdf(abs(z)));
    if abs(z)<=u
        h=0;
    else
        h=1;
    end
end
if tail==1
  u=norminv(1-alpha);
    sig=1-normcdf(z);
    if z<=u
        h=0;
    else
        h=1;
  end
end
if tail==-1
  u=norminv(alpha);
    sig=normcdf(z);
```

```
    if z>=u
        h=0;
    else
        h=1;
    end
end
%对建立好的双边和单边检验函数进行调用进行假设检验:
x=normrnd(5,1,100,1);
y=normrnd(5.2,0.8,100,1);
[p,sig]=ztest2(x,y,1,0.8,0.05,0)
[pt,sigt]=ttest2(x,y)
%运行结果(随机):
p=1
sig=0.03482290237965
pt=1
sigt=0.03128363858725
```

11.3.3　结果说明

总体均值分别是 $\mu_1=5$,$\mu_2=5.2$ 虽然不同,但给定置信度 $\alpha=0.05$,在总体标准差已知为 $\sigma_1=1$ 和 $\sigma_2=0.8$ 的情况下仍然接受了假设 $H0$:双正态总体均值 $\mu_1=\mu_2$(认为近似相等)。

实验 11.4　少年身高增长模型

11.4.1　模型问题

改革开放以后中国人民的幸福生活在少年身高上有所反映。近期分别在北京某大学附中和昌平某农村中学收集到高二男生的身高数据,其中 50 名城市中学生的身高如下(单位:cm):

170.1	179.0	171.5	173.1	174.1	177.2	170.3	176.2	163.7	175.4
163.3	179.0	176.5	178.4	165.1	179.4	176.3	179.0	173.9	173.7
173.2	172.3	169.3	172.8	176.4	163.7	177.0	165.9	166.6	167.4
174.0	174.3	184.5	171.9	181.4	164.6	176.4	172.4	180.3	160.5
166.2	173.5	171.7	167.9	168.7	175.6	179.6	171.6	168.1	172.2

而 50 名同龄农村男生身高如下(单位:cm):

166.3　169.0　161.5　173.1　164.1　167.2　160.3　166.2　163.7　165.4
173.3　179.0　176.5　168.4　165.1　169.4　166.3　169.0　173.9　163.7
173.2　172.3　169.3　172.8　166.4　163.7　167.0　165.9　166.6　167.4
164.0　164.3　164.5　171.9　171.4　164.6　166.4　162.4　160.3　170.5
166.2　173.5　171.7　167.9　168.7　165.6　179.6　171.6　168.1　172.2

(1)如何估计50名城市中学生的平均身高?

(2)查阅北京某大学附中的校史发现,20年前本校男生的平均身高为168cm,问20年来该附中男生的平均身高是否有变化?

(3)问北京某大学附中和昌平某农村中学的男生平均身高是否有差距?

11.4.2　建模求解和程序设计

(1)50名城市中学生的平均身高即样本均值可以用MATLAB的现成命令:

[mu,sigma,muci,sigmaci]=normfit(x,alpha)来做,其中alpha是置信度(默认0.05)输出的mu,sigma,分别是总体均值和标准差的点估计,muci,sigmaci分别是总体均值和标准差的区间估计。

```
%实验目的:做正态总体的均值、标准差的点估计和区间估计
%主要命令:[mu,sigma,muci,sigmaci]=normfit(x,alpha)
%正态总体的均值、标准差的点估计和区间估计
x=[170.1  179.0  171.5  173.1  174.1  177.2  170.3  176.2  163.7
175.4 ...
163.3  179.0  176.5  178.4  165.1  179.4  176.3  179.0  173.9
173.7...
173.2  172.3  169.3  172.8  176.4  163.7  177.0  165.9  166.6
167.4...
174.0  174.3  184.5  171.9  181.4  164.6  176.4  172.4  180.3
160.5...
166.2  173.5  171.7  167.9  168.7  175.6  179.6171.6  168.1  172.2];
%…为向量数据延续符号否则是3行10列的矩阵
[mu,sigma,muci,sigmaci]=normfit(x,0.05)
%运行结果:
mu=1.727040000000000e+002
sigma=5.37066711928066
muci=1.0e+002  *
1.71177673292786
1.74230326707214
```

sigmaci＝

4.48630090278969

6.69256746333746

％结果分析：

总体均值的点估计是 mu＝1.727040000000000e＋002 即 172.7cm，总体标准差的点估计是 sigma＝5.37066711928066 即 5.37cm；总体均值的区间估计是［171.177673292786，174.230326707214］cm，总体标准差的区间估计是［171.177673292786，174.230326707214］cm。

所以 50 名城市中学生的平均身高是 172.7cm。

(2)发现 20 年前北京某大学附中男生的平均身高为 168cm，问 20 年来该附中男生的平均身高是否有变化，作假设检验：

给定置信度 α＝0.05，假设 H0：正态总体均值 μ＝168，H1：正态总体均值 $\mu \neq 168$。先做正态性检验，再求 t 检验。可编程如下。

```
%实验目的:先做正态性检验,再求 t 检验。
%主要命令:[h,sig,ci]
%源程序:
x=[170.1  179.0  171.5  173.1  174.1  177.2  170.3  176.2163.7  175.
4  ...
163.3  179.0  176.5  178.4  165.1  179.4  176.3  179.0  173.9
173.7...
173.2  172.3  169.3  172.8  176.4  163.7  177.0  165.9  166.6
167.4...
174.0  174.3  184.5  171.9  181.4  164.6  176.4  172.4  180.3
160.5...
166.2  173.5  171.7  167.9  168.7  175.6  179.6  171.6  168.1  172.2];
%…为向量数据延续符号否则是 3 行 10 列的矩阵
h1=jbtest(x)   %jb 表示用 Jarque-Bera 检验,测试数据对正态分布的拟合程度
h2=lillietest(x)   %lillie 表示用 Lilliefor 检验,测试数据对正态分布的拟合程度
[h,sig,ci]=ttest(x,168)
%运行结果:
h1=0
h2=0
h=1
sig=1.177692766211906e-007
ci=1.0e+002  *    1.71177673292786  1.74230326707214
```

%结果说明:通过了正态性检验,拒绝 H0:正态总体均值 $\mu=168$,接受 H1:正态总体均值 $\mu\neq168$。这表明学生身高发生了变化(长高了)。

(3)判别北京某大学附中和昌平某农村中学的男生平均身高是否有差距,作假设检验:

给定置信度 $\alpha=0.05$,假设 H0:双正态总体均值 $\mu_1=\mu_2$,H1:双正态总体均值 $\mu_1\neq\mu_2$。

先做正态性检验,再求 t 检验。可编程如下。

```
%实验目的:先做正态性检验,再求 t 检验。
%主要命令:[h,sig,ci]
%源程序:
x=[170.1  179.0  171.5  173.1  174.1  177.2  170.3  176.2  163.7
175.4  ...
163.3  179.0  176.5  178.4  165.1  179.4  176.3  179.0  173.9
173.7...
173.2  172.3  169.3  172.8  176.4  163.7  177.0  165.9  166.6
167.4...
174.0  174.3  184.5  171.9  181.4  164.6  176.4  172.4  180.3
160.5...
166.2  173.5  171.7  167.9  168.7  175.6  179.6  171.6  168.1  172.2];
y=[166.3  169.0  161.5  173.1  164.1  167.2  160.3  166.2  163.7
165.4  ...
173.3  179.0  176.5  168.4  165.1  169.4  166.3  169.0  173.9
163.7...
173.2  172.3  169.3  172.8  166.4  163.7  167.0  165.9  166.6
167.4...
164.0  164.3  164.5  171.9  171.4  164.6  166.4  162.4  160.3
170.5...
166.2  173.5  171.7  167.9  168.7  165.6  179.6  171.6  168.1  172.2];
%…为向量数据延续符号否则是 3 行 10 列的矩阵
[h,sig,ci]=ttest2(x,y)
%运行结果:
h=1
sig=1.551298105715267e-005
ci=2.52297421295850  6.42902578704149
```

%结果说明 :$h=1$ 表明拒绝 H0:双正态总体均值 $\mu_1=\mu_2$,接受 H1:双正态总体均

值 $\mu_1 \neq \mu_2$。这表明北京某大学附中和昌平某农村中学的男生平均身高是有差距，且差距的置信区间是[2.52297421295850，　6.42902578704149]cm（即平均相距 2.5－6.4cm）。

实验 11.5　吸烟对血压的影响

11.5.1　模型问题

众所周知："吸烟有害健康"，对血压亦有影响。近期分别对吸烟和不吸烟的两组人群进行全天候监测，吸烟组采样 66 人，无烟组采样 62 人，分别测量 24 小时的收缩压(24hSBP)和舒张压(24hDBP)，白天收缩压(dSBP)和舒张压(dDBP)，夜间收缩压(nSBP)和舒张压(nDBP)，并计算各类样本的均值和标准差。数据如表 11.1 所示（单位：毫米汞柱 mmHg）：

表 11.1　两组人群血压数据

测量时段	吸烟组均值	吸烟组均方差	无烟组均值	无烟组均方差
24hSBP	119.35	10.77	114.79	8.28
24hDBP	76.83	8.45	72.87	6.20
dSBP	122.70	11.36	117.60	8.71
dDBP	79.52	8.75	75.44	6.80
nSBP	109.95	10.78	107.10	10.11
nDBP	69.35	8.60	65.84	7.03

由此计算出吸烟和不吸烟的两组人群产生的双正态总体的总体均值和标准差的点估计，并推断吸烟对血压是否有影响？

11.5.2　建模求解

判别吸烟对血压是否有影响，分别对吸烟和不吸烟的两组人群产生的正态样本作假设检验：

给定置信度 $\alpha=0.05$，假设 $H0$：双正态总体均值 $\mu_1=\mu_2$，$H1$：双正态总体均值 $\mu_1 \neq \mu_2$。

在两个总方差未知的前提下，先建立库函数 pttest2，再求 t 检验。可编程如下。

11.5.3　程序设计

%实验目的：不直接用现成命令 ttest 而建立库函数 pttest2 求 t 检验。
%主要命令：[h,sig]

```
%源程序：
%首先建立双边和单边检验库函数 pttest2：
function [h,sig]=pttest2(xbar,ybar,s1,s2,m,n,alpha,tail)
spower=((m-1)*s1^2+(n-1)*s2^2)/(m+n-2);
t=(xbar-ybar)/sqrt(spower/m+spower/n);
if tail==0
    a=tinv(1-alpha/2,m+n-2);
    sig=2*(1-tcdf(abs(t),m+n-2));
    if abs(t)<=a
        h=0;
    else
        h=1;
    end
end
if tail==1
  a=tinv(1-alpha,m+n-2);
    sig=1-tcdf(t,m+n-2);
    if t<=a
        h=0;
    else
        h=1;
    end
end
if tail==-1
  a=tinv(1-alpha,m+n-2);
    sig=tcdf(t,m+n-2);
    if t>=a
        h=0;
    else
        h=1;
    end
end
%对建立好的双边和单边检验函数进行调用进行假设检验(只以首组数据为例)：
xbar=119.35
ybar=114.79;
```

```
s1=10.77;
s2=8.28;
m=66
n=62
alpha=0.05
tail=0
[h,sig]=pttest2(xbar,ybar,10.77,8.28,66,62,0.05, 0)
%运行结果 :
xbar=1.193500000000000e+002
m=66
n=62
alpha=0.05000000000000
tail=0
h=1
sig=0.00850971377572
```

%结果说明 :$h=1$,故拒绝假设H0:双正态总体均值 $\mu_1=\mu_2$,接受H1:双正态总体均值 $\mu_1\neq\mu_2$。因此吸烟和不吸烟的两组人群产生的正态样本总体均值有差异且甚大,吸烟对血压的影响显著。

实验 11.6　汽油供货质量检验模型

11.6.1　模型问题

胜利油田炼油厂(甲方)向龙泉加油站(乙方)供货,双方签订了产品质量监控合同。加油站要求90#号汽油含硫量不超过0.08%。双方商定每批抽查10辆油罐车。若采样获得如下含硫量数据:(%)

0.0864　0.0744　0.0864　0.0752　0.0760　0.0954　0.0936　0.1016　0.0800　0.0880

(1)由此判断龙泉加油站(乙方)是否应该接受这批汽油?

(2)若甲方可靠,且对产品质量稳定性提供了追加信息,乙方对应策略应当有何变化?

(3)龙泉加油站(乙方)又暗中与中原油田炼油厂(丙方)谈判,得知丙方曾经用含硫量0.086%的汽油顶替合格品。若乙方继续沿用与甲方签订的合同,会有何种后果?

11.6.2　建模求解和程序设计

(1)若采样获得如下含硫量数据:(%)

0.0864 0.0744 0.0864 0.0752 0.0760 0.0954 0.0936 0.1016 0.0800 0.0880

由此判断龙泉加油站(乙方)是否应该接受这批汽油,可对正态总体作假设检验:

在总体方差未知的情况下,使用 t 检验,给定置信度 $\alpha=0.05$,作假设 $H0$:正态总体均值 $\mu\leqslant 0.08$,$H1$:正态总体均值 $\mu>0.08$。可编程如下。

```
%实验目的:汽油供货合同问题的建模实验。
%主要命令:[h,sig ]  ttest  ztest
%源程序:
x=[0.0864  0.0744  0.0864  0.0752  0.0760  0.0954  0.0936  0.1016  0.0800  0.0880];
%10 个含硫量数据
xbar=mean(x)  %样本均值
[h,sig]=ttest(x,0.08,0.05,1) %  t 单侧检验,设 alpha=0.05
%运行结果 :
xbar=0.08570000000000
h=1
sig=0.04242131639572
```

%结果说明 :对于置信度 $\alpha=0.05$,此时 sig=0.04242131639572 $<\alpha=0.05$,因此拒绝 H0:$\mu\leqslant 0.08$;拒绝 H0,表明乙方不收这批汽油。但标准差 sig = 0.04242131639572 接近 0.05,所以也差不多可以接收了。

(2)若甲方可靠,且对产品质量稳定性提供了追加信息,乙方对应策略应当有何变化?

```
%实验目的:汽油供货合同问题的建模实验。
%主要命令:[h,sig ]  ttest  ztest
%源程序:
x=[0.0864  0.0744  0.0864  0.0752  0.0760  0.0954  0.0936  0.1016  0.0800  0.0880];
%10 个含硫量数据
x=[0.0864  0.0744  0.0864  0.0752  0.0760  0.0954  0.0936  0.1016  0.0800  0.0880];
xbar=mean(x)
[h,sig]=ztest(x,0.08,0.01,0.05,1)
[h1,sig1]=ztest(x,0.08,0.015,0.05,1)
[h2,sig2]=ttest(x,0.08,0.01,1)
%运行结果:
```

xbar=0.08570000000000

h=1

sig=0.03573352361276

h1=0

sig1=0.11474657436629

h2=0

sig2=0.04242131639572

%结果说明:

xbar=mean(x) %样本均值

[h,sig]=ztest(x,0.08,0.01,0.05,1)

甲方提供的标准差为 sigma=0.01,作 z 单侧检验,[h,sig]=10.0357,乙方不接收

[h1,sig1]=ztest(x,0.08,0.015,0.05,1)

甲方提供的标准差为 sigma=0.015,作 z 单侧检验,[h1,sig1]=0 0.1147 乙方接收

[h2,sig2]=ttest(x,0.08,0.01,1)

甲方信任度极,高显著水平为 alpha=0.01,重新作 t 单侧检验,[h2,sig2]=0 0.0424 乙方接收。

(3)龙泉加油站(乙方)又暗中与中原油田炼油厂(丙方)谈判,得知丙方曾经用含硫量 0.086%的汽油顶替合格品。若乙方继续沿用与甲方签订的合同,并且丙方真的提供了含硫量 0.086%的汽油,我们判断接受了 H0:μ≤0.08,即发生了"取伪"错误的概率有多大。

%实验目的:汽油供货合同问题的建模实验。

%主要命令:[h,sig] ttest ztest

%源程序:

```
x=[0.0864 0.0744 0.0864 0.0752 0.0760 0.0954 0.0936 0.1016 0.0800 0.0880];
xbar=mean(x);
mu0=0.08;mu2=0.086;n=10;
alpha=0.05;
talpha=tinv(1-alpha,n-1)
s=std(x)
gap=(mu2-mu0)/(s/sqrt(n))
beta=tcdf(talpha-gap,n-1)
```

%运行结果:

talpha=1.83311293265623 % talpha 分位点

s=0.00931009010578 %标准差

gap=2.03796802667108 %标准化统计量

beta=0.42112168388511 %取伪概率

%结果说明：

取置信度参数 α=0.05 时(相应置信度为 95%)，犯下第二类"取伪"错误(原本不成立的 H0 被接受)的概率为 beta=0.42112168388511；当降低要求取置信度参数 α=0.1 时(相应置信度为 90%)，犯下第二类"取伪"错误(原本不成立的 H0 被接受)的概率为 beta=0.2644。显然，要求越宽松，认为是犯错误的概率就越小。

实验 11.7 医疗化验诊断模型

11.7.1 模型问题

为研究胃溃疡的病理，医院作了两组人胃液成分的试验，患胃溃疡的病人组与无胃溃疡的对照组各取 30 人，胃液中溶菌酶含量如下表(溶菌酶是一种能破坏某些细菌的细胞壁的酶)。

(1)根据这些数据判断患胃溃疡病人的溶菌酶含量与"正常人"有无显著差别；

(2)若表 11.2 中患胃溃疡病人组的最后 5 个数据有误，去掉后再作判断。

表 11.2 两组溶菌酶数据

病人	0.2	10.4	0.3	0.4	10.9	11.3	1.1	2.0	12.4	16.2
	2.1	17.6	18.9	3.3	3.8	20.7	4.5	4.8	24.0	25.4
	4.9	40.0	5.0	42.2	5.3	50.0	60.0	7.5	9.8	45.0
正常人	0.2	5.4	0.3	5.7	0.4	5.8	0.7	7.5	1.2	8.7
	1.5	8.8	1.5	9.1	1.9	10.3	2.0	15.6	2.4	16.1
	2.5	16.5	2.8	16.7	3.6	20.0	4.8	20.7	4.8	33.0

11.7.2 建模求解

(1)假设总体患胃溃疡病人的溶菌酶含量和总体正常人的溶菌酶含量均服从正态分布(实际由 JB 法检验知并非正态分布，此题仍假设为正态分布)。

设总体患胃溃疡病人的溶菌酶含量的均值、方差分别为 μ_1，σ_1，总体正常人的溶菌酶含量的均值、方差分别为 μ_2，σ_2。设 ${\sigma_1}^2={\sigma_2}^2$ 且未知，则问题转化为做假设检验：

$$H_0:\mu_1=\mu_2, H_1:\mu_1\neq\mu_2$$

取显著性水平 α=0.05。

编程如下：

%源程序：

x1=[0.2　10.4　0.3　0.4　10.9　11.3　1.1　2.0　12.4　16.2　2.1　17.6　18.9　3.3　3.8　20.7　4.5　4.8　24.0　25.4　4.9　40.0　5.0　42.2　5.3　50.0　60.0　7.5　9.8　45.0]；　%病人数据

x2=[0.2　5.4　0.3　5.7　0.45.8　0.77.51.28.7　1.58.81.59.11.910.3　2.0　15.6　2.4　16.1　2.5　16.5　2.8　16.7　3.6　20.0　4.8　20.7　4.8　33.0]；　%正常人数据

[h sig ci]=ttest2(x1,x2,0.05)　%假设检验

mu1=mean(x1)

mu2=mean(x2)

输出:h=1,sig=0.0251,ci=0.9886　14.3114

mu1=15.3333,mu2=7.6833

h=1说明拒绝 H_0，即患胃溃疡病人的溶菌酶含量与"正常人"有显著差别，而且由mu1和mu2的值或者置信区间知患胃溃疡病人的溶菌酶含量高于正常人。

结论:患胃溃疡病人的溶菌酶含量与"正常人"有显著差别。

(2)删除患胃溃疡病人组的最后5个数据，仍取显著性水平 $\alpha=0.05$。

编程如下：

%源程序：

x1=[0.2　10.4　0.3　0.4　10.9　11.3　1.1　2.0　12.4　16.2　2.1　17.6　18.9　3.3　3.8　20.7　4.54.824.0　25.4　4.9　40.0　5.0　42.2　5.3]；　%病人数据

x2=[0.2　5.4　0.3　5.7　0.45.8　0.7　7.5　1.28.7　1.5　8.8　1.59.11.910.3　2.0　15.6　2.4　16.1　2.5　16.5　2.8　16.7　3.6　20.0　4.8　20.7　4.8　33.0]；　%正常人数据

[hsigci]=ttest2(x1,x2,0.05)　%假设检验

mu1=mean(x1)

mu2=mean(x2)

输出结果：

h=0,sig=0.1558,ci=-1.5035　　9.1528　mu1=11.5080,mu2=7.6833

h=0说明接受 H_0，即认为患胃溃疡病人的溶菌酶含量与"正常人"没有显著差别。

结论:删除患胃溃疡病人组的最后5个数据，可认为患胃溃疡病人的溶菌酶含量与"正常人"没有显著差别。

第 12 章　回归分析

实验 12.1　一元线性回归(血压与年龄)

12.1.1　模型问题

为判别血压与年龄增长的关系，调查了 30 位志愿者的收缩压(24hSBP)，数据如下。由此确定血压与年龄的关系，并预测血压可能的变化范围。

志愿者年龄数据(单位:岁)

x=[39　47　45　47　65　46　67　42　67　56
　　64　56　59　34　42　48　45　18　20　19
　　36　50　39　21　44　53　6329　25　69];

对应的血压数据(单位:毫米汞柱 mmHg):

y=[144　215　138　145　162　142　170　124　158　154
　　162　150　140　110　128　130　135　114　116　124
　　136　142　120　120　160　158　144　130　125　175];

12.1.2　程序设计

为判别血压与年龄增长的关系，应用回归分析程序[b,bint,r,rint,s]=regress(y′,X) 作一元线性回归。可编程如下。

%实验目的:应用回归分析程序[b,bint,r,rint,s]=regress(y′,X)　作一元线性回归。

%主要命令:[b,bint,r,rint,s]=regress(y′,X)

%源程序:

```
y=[144  215  138  145  162  142  170  124  158  154  ...
   162  150  140  110  128  130  135  114  116  124  ...
   136  142  120  120  160  158  144  130  125  175];
x=[39  47  45  47  65  46  67  42  67  56  ...
   64  56  59  34  42  48  45  18  20  19  ...
```

```
    36  50  39  21  44  53  63  29  25  69];
xbar=mean(x)
ybar=mean(y)
n=30
X=[ones(n,1),x']
[b,bint,r,rint,s]=regress(y',X)
b,bint,r,rint,s
rcoplot(r,rint)
%运行结果:
xbar=45.16666666666666
ybar=1.423666666666667e+002
n=30
b=98.40835294409082
   0.97324679828581
bint=1.0e+002 *
0.78748367808818  1.18068338079364
0.00560088764599  0.01386404831973
s=1.0e+002   0.00454014203660 0.23283385369585   0.00000044716381
2.73713729417552
```

12.1.3　结果说明

y因变量(血压);x是自变量(年龄)

xbar=mean(x)　年龄均值

ybar=mean(y)　血压均值

n=30　样本容量

X=[ones(n,1),x']　1与自变量构成的2列矩阵

[b,bint,r,rint,s]=regress(y',X)　%回归分析程序

b,bint,r,rint,s　%输出回归系数及其置信区间和统计量

rcoplot(r,rint)　%绘图画出残差及其置信区间

残差图中第二个点称为异常点或离群点(MATLAB生成彩图中的红线标识点)即置信区间不包含零点,偏离数据的整体变化趋势(离群索居),应该剔除。

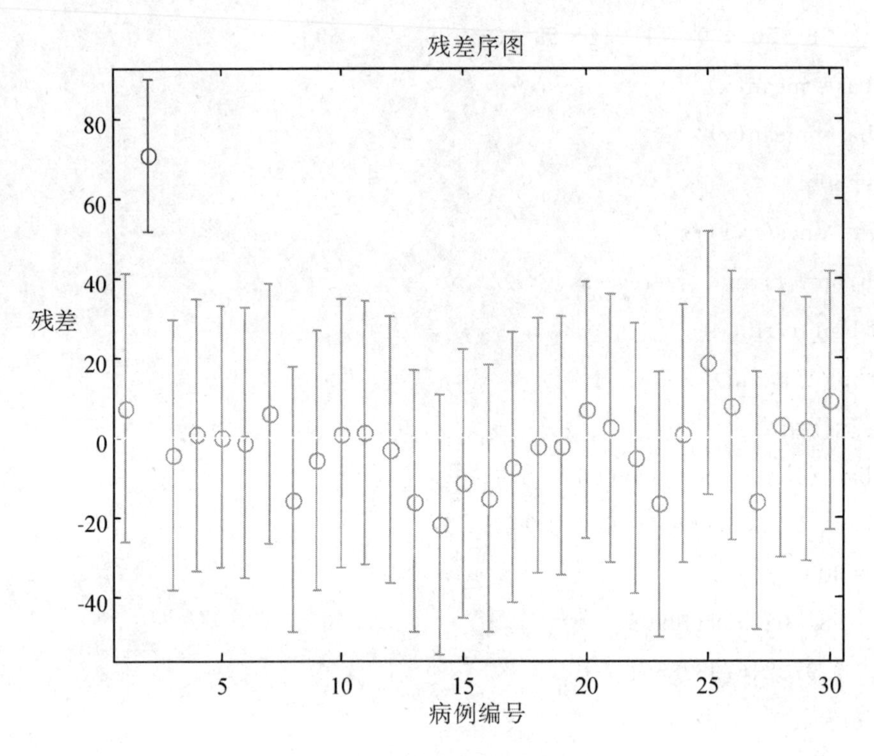

图 12.1　残差及其置信区间图

实验 12.2　多元线性回归(血压与年龄、体重和吸烟)

12.2.1　模型问题

为判别血压与年龄增长、体重指数和吸烟习惯的关系，调查了 30 位志愿者的收缩压(24hSBP)，数据如下。由此确定血压与年龄增长、体重指数的关系，并判别吸烟习惯是否会影响血压？对于年龄 50 岁、体重指数为 25 的一位志愿者，预测血压可能的变化范围。

志愿者年龄数据(单位：岁)

$x1$=[39　47　45　47　65　46　67　42　67　56
　　64　56　59　34　42　48　45　18　20　19
　　36　50　39　21　44　53　63　29　25　69];

志愿者体重指数数据(单位：公斤/米方 kg/m^2)

$x2$=[24.2　31.1　22.6　24.0　25.9　25.1　29.5　19.7　27.2　19.3
　　28.0　25.8　27.3　20.1　21.7　22.2　27.4　18.8　22.6　21.5
　　25.026.2　23.5　20.3　27.1　28.6　28.3　22.0　25.3　27.4];

志愿者吸烟习惯数据(单位：0 表示不吸烟，1 表示吸烟)

$x3$=[0 1 0 1 1 0 1 0 1 0
1 0 0 0 0 1 0 0 0 0
0 1 0 0 1 1 0 1 0 1];

对应的血压数据(单位:毫米汞柱 mmHg):

y=[144 215 138 145 162 142 170 124 158 154
162 150 140 110 128 130 135 114 116 124
136 142 120 120 160 158 144 130 125 175];

12.2.2 程序设计

为判别血压与年龄增长、体重指数的关系,应用多元回归分析程序[b,bint,r,rint,s]=regress(y′,X) 作多元线性回归。可编程如下。

```
%实验目的:应用回归分析程序[b,bint,r,rint,s]=regress(y′,X) 作多元线性回归
%主要命令:X=[ones(n,1),x1′,x2′,x3′];[b,bint,r,rint,s]=regress(y′,X)
%源程序:
y=[144  215  138  145  162  142  170  124  158  154 ...
   162  150  140  110  128  130  135  114  116  124 ...
   136  142  120  120  160  158  144  130  125  175];
x1=[39  47  45  47  65  46  67  42  67  56 ...
    64  56  59  34  42  48  45  18  20  19 ...
    36  50  39  21  44  53  63  29  25  69];
x2=[24.2  31.1  22.6  24.0  25.9  25.1  29.5  19.7  27.2  19.3 ...
    28.0  25.8  27.3  20.1  21.7  22.2  27.4  18.8  22.6  21.5 ...
    25.0  26.2  23.5  20.3  27.1  28.6  28.3  22.0  25.3  27.4];
x3=[0  1  0  1  1  0  1  0  1  0 ...
    1  0  0  0  0  1  0  0  0  0 ...
    0  1  0  0  1  1  0  1  0  1];
ybar=mean(y)
x1bar=mean(x1)
x2bar=mean(x2)
n=30;
X=[ones(n,1),x1′,x2′,x3′];
[b,bint,r,rint,s]=regress(y′,X);
b,bint,s
%运行结果:
```

```
ybar=1.423666666666667e+002
x1bar=45.16666666666666
x2bar=24.59000000000000
b=45.36363860085893
    0.36035765943640
    3.09056715718490
    11.82456846521798
bint=3.55370312835709       87.17357407336077
     -0.07576820313989      0.79648352201268
     1.05299384423550       5.12814047013430
     -0.14821217194108      23.79734910237704
s=1.0e+002 *
0.00685503020817  0.18890566757871  0.00000001036613  1.69791677444757
```

实验 12.3 多项式回归(商品销量与价格)

12.3.1 模型问题

海尔电器公司为了确定本公司海尔平板电视销量 y 与自身与对手价格的关系，调查了海尔平板电视的价格 x_1 与竞争对手海信平板电视的价格 x_2，数据列表如下。由此确定销量 y 与价格的关系，若在青岛市当地，海尔平板电视售价 160(百元)，海信平板电视售价 170(百元)，就此预测青岛市当地的海尔平板电视销量。

海信平板电视售价数据(单位:百元)

$x1$=[120 140 190 130 155 175 125 145 180 150];

海尔平板电视售价数据(单位:百元)

$x2$=[100 110 90 150 210 150 250 270 300 250];

海尔平板电视销量数据(单位:百台)

y=[102 100 120 77 46 93 26 69 65 85];

12.3.2 程序设计

为判别海尔平板电视销量 y 与价格的关系，应用回归分析程序[b,bint,r,rint,s]=regress(y',X) 分别作一元线性回归和多项式回归。可编程如下。

%程序 3A

%实验目的:应用回归分析程序[b,bint,r,rint,s]=regress(y',X) 作一元线性回归，画出残差图。

```
%主要命令:[b,bint,r,rint,s]=regress(y',X)
%源程序:
y=[102 100 120 77 46 93 26 69 65 85 ];
x1=[120 140 190 130 155 175 125 145 180 150];
x2=[100 110 90  150 210 150 250 270 300 250];
n=10
X=[ones(n,1),x1',x2'];
[b,bint,r,rint,s]=regress(y',X);
b,bint,s
rcoplot(r,rint)%画出残差图
%运行结果:
n=10
b=66.51756831523805
    0.41391525533337
   -0.26978070143924
```

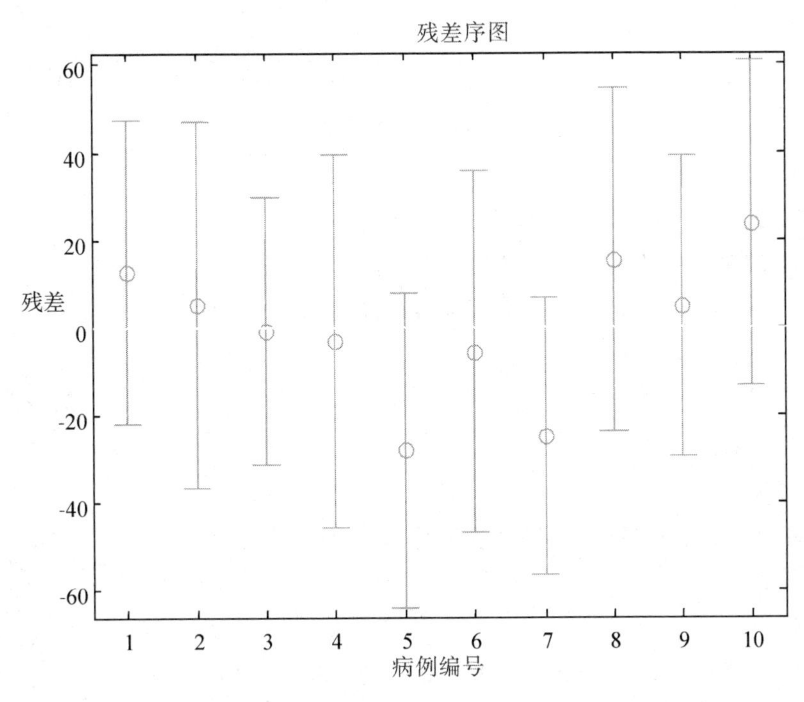

图 12.2 残差及其置信区间图(没有出现异常点或离群点)

```
bint=1.0e+002 *
-0.32505998467361   1.65541135097837
-0.00201805055022   0.01029635565688
-0.00461090638361  -0.00078470764518
```

s＝1.0e＋002 *

0.00652730819549 0.06578636968180 0.00024679243751 3.51044492541036

%程序 3B

%实验目的:应用二维绘图程序 plot 作数组 x1 与 y 的散点图。

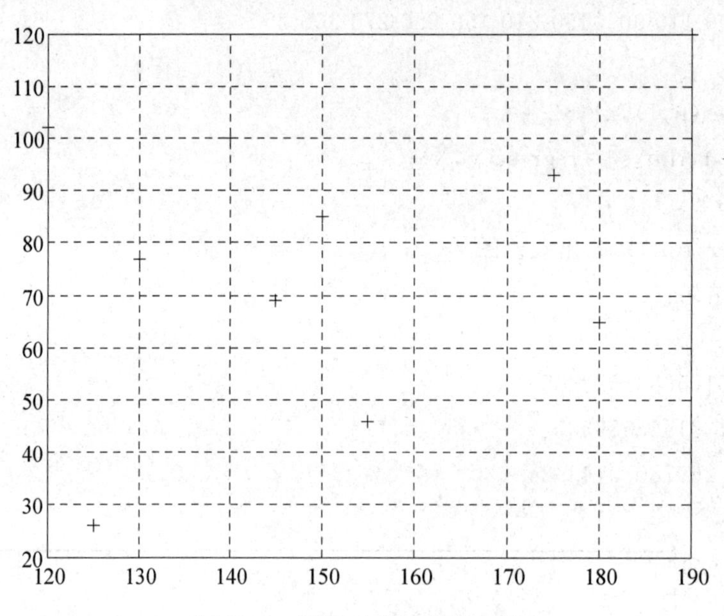

图 12.3 数组 $x1$ 与 y 的散点图

%主要命令:plot

%源程序:

```
y=[102 100 120 77 46 93 26 69 65 85 ];
x1=[120 140 190 130 155 175 125 145 180 150];
plot(x1,y,'r+')
grid
```

%运行结果:

%程序 3C

%实验目的:应用二维绘图程序 plot 作 x2 与 y 的散点图

%主要命令:plot

%源程序:

```
y=[102  100  120  77  46  93  26  69  65  85];
x2=[100  110  90  150  210  150  250  270  300  250];
plot(x2,y,'r+')
grid
```

%运行结果:

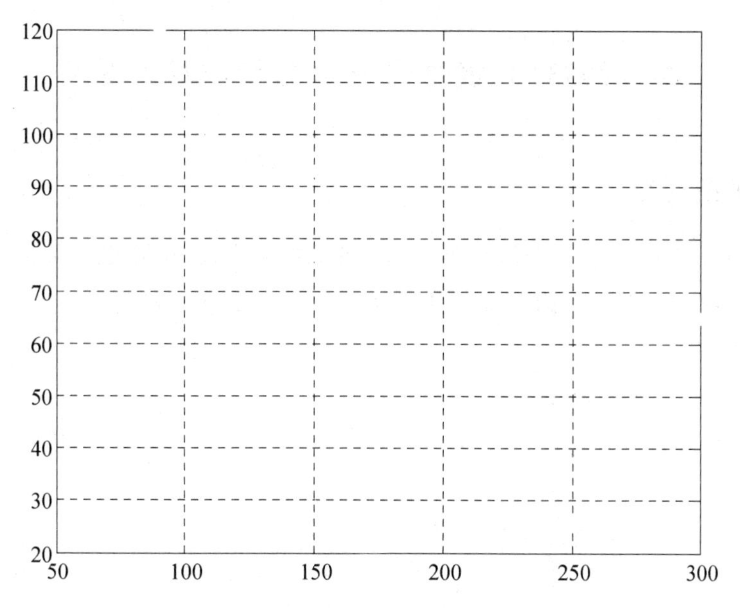

图 12.4　数组 $x2$ 与 y 的散点图

```
%程序 3D
%实验目的:应用二维绘图程序 rstool 作多元二项式回归交互画面图。
%主要命令:rstool   purequadratic
%源程序:
y=[102   100   120   77   46   93   26   69   65   85];
x1=[120   140   190   130   155   175   125   145   180   150];
x2=[100   110   90   150   210   150   250   270   300   250];
n=10
x=[x1',x2'];
rstool(x,y','purequadratic');   %包含线性项和二次项的回归
%运行结果如图 12.11 所示:
%出现多元二项式回归交互画面如图 12.5 所示。
```

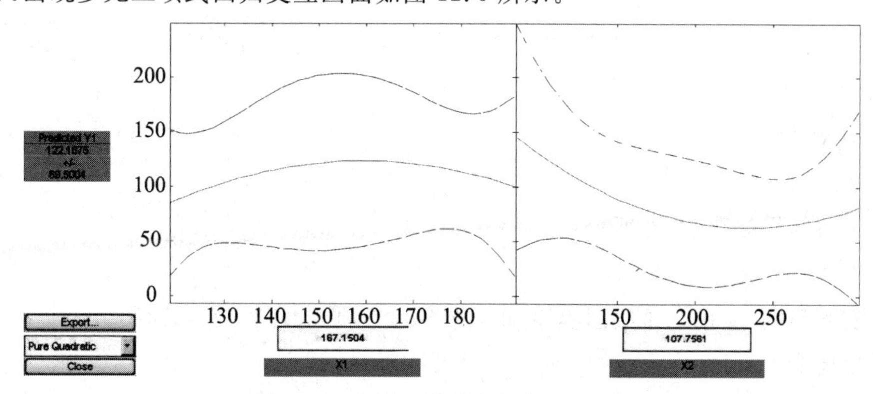

图 12.5　多元二项式回归交互画面图

实验 12.4　逐步回归(儿童体重与身高和年龄之关系)

12.4.1　模型问题

为了确定儿童体重 y 与身高和年龄的关系，调查了 12 名儿童的体重 y 与身高 x_1 和年龄 x_2，数据列表如下。由此确定儿童体重 y 与身高和年龄的关系，就此可从身高和年龄预测体重。

12 名儿童的身高 x_1 数据(单位：米 m)

$x1$=[1.34　1.49　1.14　1.57　1.19　1.17　1.39　1.21　1.26　1.06　1.64　1.44]

12 名儿童的年龄 x_2 数据(单位：岁)

$x2$=[8　10　6　11　8　7　10　9　10　6　12　9]

12 名儿童的体重 y 数据(单位：公斤 kg)

y=[27.1　30.2　24.0　33.4　2　24.3　30.9　27.8　29.4　24.8　36.5　29.1]

12.4.2　程序设计

为判别儿童体重 y 与身高和年龄的关系，应用逐步回归程序 stepwise(X，y，[1，2])作逐步回归。可编程如下。

```
%程序 4A
%实验目的:应用二维绘图程序 plot 作散点图。
%主要命令:plot
%源程序:
y=[27.1  30.2  24.0  33.4  2  24.3  30.9  27.8  29.4  24.836.5  29.1];
x1=[1.34  1.49  1.14  1.57  1.19  1.17  1.39  1.21  1.26  1.06  1.64  1.44];
plot(x1,y,'r+')
grid
%运行结果如图 12.6 所示:
%程序 4B
%实验目的:应用二维绘图程序 plot 作多元二项式回归交互画面图。
%主要命令:plot
%源程序:
```

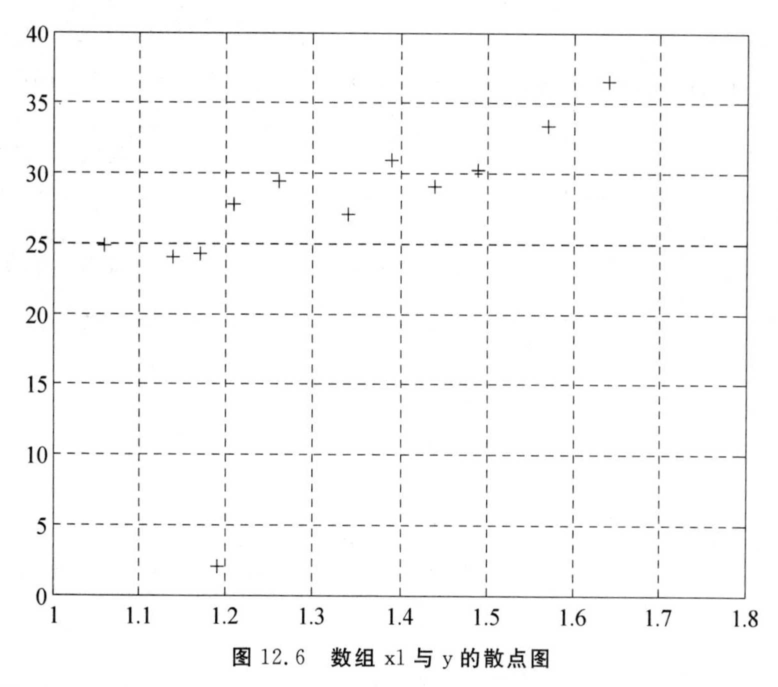

图 12.6　数组 x1 与 y 的散点图

```
y=[27.1  30.2  24.0  33.4  2  24.3  30.9  27.8  29.4  24.8  36.5  29.1];
x2=[8  10  6  11  8  7  10  9  10  6  12  9];
plot(x1,y,'m+')
grid
%运行结果如图 12.7 所示：
```

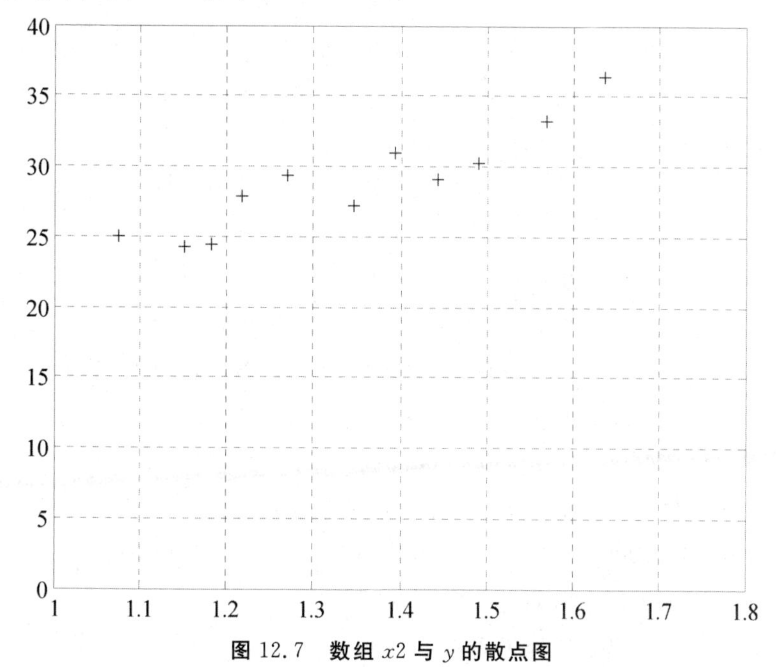

图 12.7　数组 $x2$ 与 y 的散点图

%程序 4C

%实验目的：应用逐步回归程序 stepwise(X,y,[1,2])作多元二项式回归交互画面图。

%主要命令：plot

%源程序：

```
y=[27.1  30.2  24.0  33.4  2  24.3  30.9  27.8  29.4  24.8  36.5  29.1];
x1=[1.34  1.49  1.14  1.57  1.19  1.17  1.39  1.21  1.26  1.06  1.64  1.44];
x2=[8  10  6  11  8  7  10  9  10  6  12  9];
x3=x1.^2
x4=x2.^2
x5=x1.*x2
X=[x1'  x2'    x3'    x4'    x5']  %向量转置作成12行5列的数据矩阵
stepwise(X,y,[1,2])
```

%运行结果：输出 12 行 5 列的矩阵 X

```
X=1.0e+002  *
  Columns  1  through  3
  0.01340000000000  0.08000000000000  0.01795600000000
  0.01490000000000  0.10000000000000  0.02220100000000
  0.01140000000000  0.06000000000000  0.01299600000000
  0.01570000000000  0.11000000000000  0.02464900000000
  0.01190000000000  0.08000000000000  0.01416100000000
  0.01170000000000  0.07000000000000  0.01368900000000
  0.01390000000000  0.10000000000000  0.01932100000000
  0.01210000000000  0.09000000000000  0.01464100000000
  0.01260000000000  0.10000000000000  0.01587600000000
  0.01060000000000  0.06000000000000  0.01123600000000
  0.01640000000000  0.12000000000000  0.02689600000000
  0.01440000000000  0.09000000000000  0.02073600000000
  Columns  4  through  5
  0.64000000000000  0.10720000000000
  1.00000000000000  0.14900000000000
  0.36000000000000  0.06840000000000
  1.21000000000000  0.17270000000000
  0.64000000000000  0.09520000000000
```

```
0.49000000000000   0.08190000000000
1.00000000000000   0.13900000000000
0.81000000000000   0.10890000000000
1.00000000000000   0.12600000000000
0.36000000000000   0.06360000000000
1.44000000000000   0.19680000000000
0.81000000000000   0.12960000000000
```

%程序说明

%鼠标指向某个圆点时显示模型包含的变量，单击圆点则重现模型的结果。

%通过图 12.8 右方的 Export 下拉菜单可以向 MATLAB 工作区传送数据，用法与 rstool 相同。

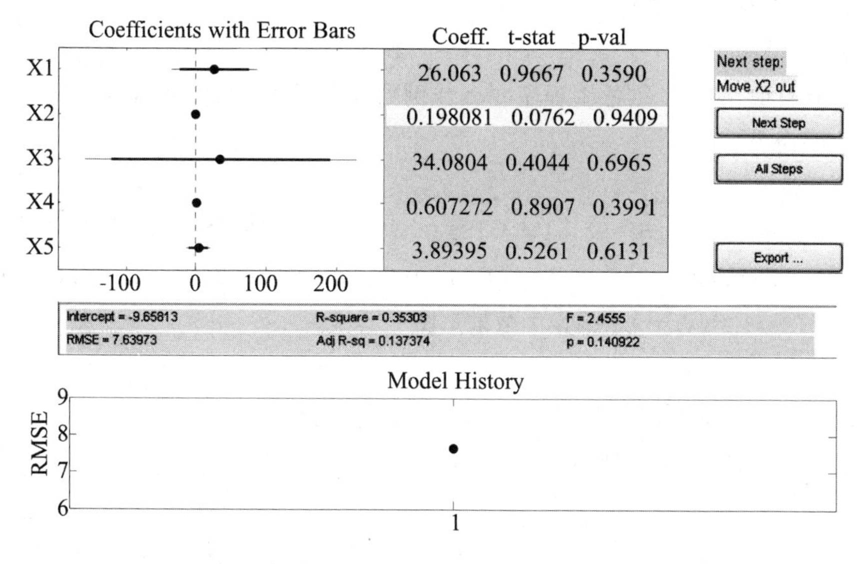

图 12.8　应用逐步回归程序 stepwise 作多元二项式回归交互画面图

实验 12.5　非线性回归(酶促反应)

12.5.1　模型问题

为了确定化学酶促反应速度 y 与底物浓度 x 的关系，我们有 Michaelis－Menten 模型，函数关系由下式确立：$y=\dfrac{\beta_1 x}{\beta_2+x}$；其中待定参数 β_1 为饱和状态下的最终反应速度，β_2 为达到饱和状态下的最终反应速度一半时的底物浓度，称为“半速度点”。酶经过嘌呤霉素处理可能会对反应速度 y 与底物浓度 x 的关系产生影响。调查了 6 种底物浓度下的反应速度 y，对应的酶分别经过和不经过嘌呤霉素处理，数据列表如表 12.1

所示：

表 12.1 6 种底物浓度下的反应数据

底物浓度 x		0.02		0.06		0.11		0.22		0.56		1.10	
反应速度 y	未处理	67	51	84	86	98	115	131	124	144	158	160	/
	处理后	76	47	97	107	123	139	159	152	191	201	207	200

(1)对于酶不经过嘌呤霉素处理的酶促反应，估计待定参数 β_1 和 β_2；

(2)讨论嘌呤霉素处理对于酶促反应参数 β_1 和 β_2 的影响。

12.5.2 程序设计

为判别嘌呤霉素处理对于酶促反应参数 β_1 和 β_2 的影响，应用[b,R,J]=nlinfit(x,y,'fun',b0) 作非线性回归，可编程如下。

```
%程序 5A
%实验目的:应用二维绘图程序 plot 作倒数散点图并添加交互直线
%主要命令:plot
%源程序:
y=[67  51  84  86  98  115  131  124  144  158  160];
x=[0.02  0.02  0.06  0.06  0.11  0.11  0.22  0.22  0.56  0.56  1.10];
plot(1./x,1./y,'r+')  %作倒数散点图
grid
gline  %添加交互直线
%运行结果如图 12.9 所示:
```

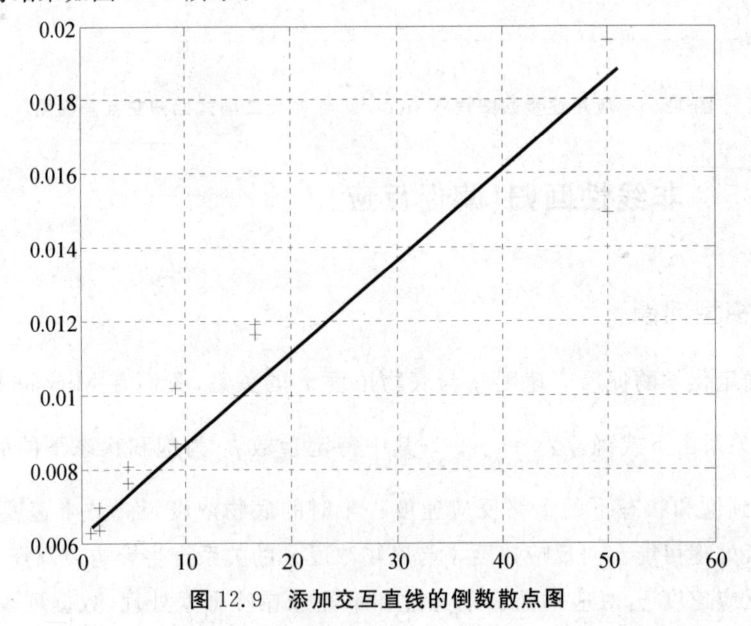

图 12.9 添加交互直线的倒数散点图

%程序 5B

%实验目的:应用二维绘图程序 plot 作散点图， 应用[b,R,J]=nlinfit(x,y,′fun′,b0)作非线性回归。

%主要命令:plot

%源程序:

%首先建立库函数文件,命名为 fun.m:

```
function  y=fun(b,x)
y=b(1)*x./(b(2)+x)
```

%调用库函数,作非线性模型的预测,绘制散点图:

```
y=[67  51  84  86  98  115  131  124  144  158  160];
x=[0.02  0.02  0.06  0.06  0.11  0.11  0.22  0.22  0.56  0.56  1.10];
b0=[143  0.03]
[b,R,J]=nlinfit(x,y,′fun′,b0)  %  非线性回归系数 beta 的估计值
bi=nlparci(b,R,J)  %  非线性回归系数 beta 的置信区间
b,bi  %  非线性回归系数 beta 的估计值和置信区间(点估计和区间估计)
xx=0:0.01:1.2
yy=b(1)*xx./(b(2)+xx)  %用回归系数 beta 的估计值计算 y 的预测拟合值
plot(x,y,′r+′,xx,yy)
```

%运行结果如图 12.10 所示:

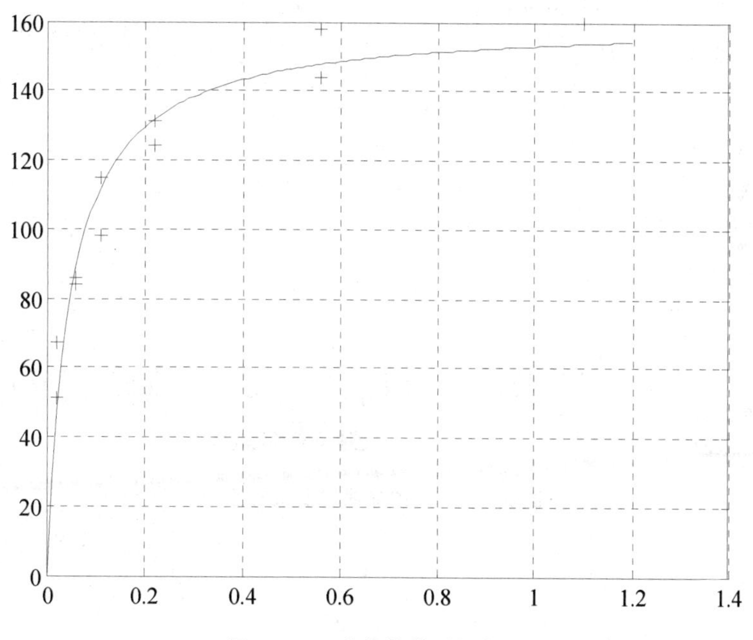

图 12.10　非线性模型散点图

```
b=1.0e+002 *
  1.60280015247731  0.00047708136685
bi=1.0e+002 *
  1.45620714517988  1.74939315977474
  0.00030104387723  0.00065311885647
```

%程序 5C

%实验目的:应用二维非线性回归绘图程序 nlintool(x,y,'fun',b)作交互图。

%主要命令:nlintool(x,y,'fun',b)

%源程序:

```
y=[67 51 84 86 98 115 131 124 144 158 160];
x=[0.02 0.02 0.06 0.06 0.11 0.11 0.22 0.22 0.56 0.56 1.10];
b0=[143 0.03];
[b,R,J]=nlinfit(x,y,'fun',b0);
bi=nlparci(b,R,J);
b,bi
xx=0:0.01:1.2;
yy=b(1)*xx./(b(2)+xx);
nlintool(x,y,'fun',b)
```

%运行结果如图 12.11 所示:

```
y=1.366844444171009e+002
y=1.366844464538578e+002
y=1.366844441172599e+002
```

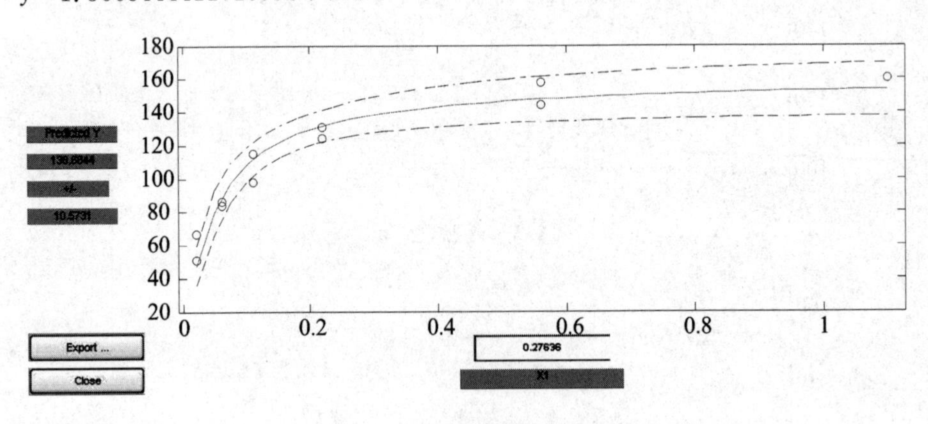

图 12.11　二维非线性回归交互图

实验 12.6　广告费回归模型

12.6.1　模型问题

电影院调查电视广告费用和报纸广告费用对每周收入的影响，得到表 12.2 中的数据，建立回归模型并进行检验，诊断异常点的存在并进行处理。

表 12.2　广告收入数据

每周收入	96	90	95	92	95	95	94	94
电视广告费用	1.5	2.0	1.5	2.5	3.3	2.3	4.2	2.5
报纸广告费用	5.0	2.0	4.0	2.5	3.0	3.5	2.5	3.0

设电视广告费用用 x_1 表示，报纸广告费用用 x_2 表示，每周收入用 y 表示，则由 x_1 与 y，x_2 与 y 的散点图，可以看出他们到大致满足线性关系。故设回归模型为：

$$y = \beta_0 + \beta_1 x_1 + \beta_2 x_2 + \varepsilon$$

12.6.2　程序设计

```
%源程序：
x1=[1.5  2.0  1.5  2.5  3.3  2.3  4.2  2.5];
x2=[5.0  2.0  4.0  2.5  3.0  3.5  2.5  3.0];
y=[96  90  95  92  95  95  94  94];
X=[ones(8,1),x1',x2'];
[b,bint,r,rint,s]=regress(y',X)
rcoplot(r,rint)
```

得到的结果如表 12.3 所示：

表 12.3　参数数据

参数	参数估计值	置信区间
β_0	83.2116	[78.8058　87.6174]
β_1	1.2985	[0.4007　2.1962]
β_2	2.3372	[1.4860　3.1883]
$R^2=0.9089, F=24.9408, p=0.0025<0.05$		

残差及其置信区间如图 12.12 所示：

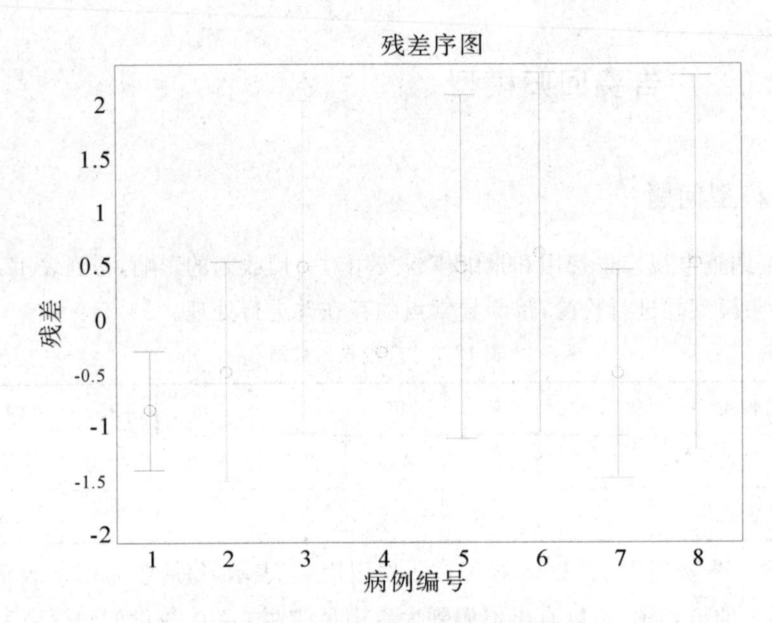

图 12.12　残差及其置信区间图

由表 12.3 知：参数 β_1，β_2 的参数都不包含零点，$p=0.0025<0.05$，$R^2=0.9089$ 说明此线性回归模型是有效的。但 β_0 的置信区间较长，且由残差的置信区间图知第一个点为异常点，故应剔除该点，重新进行回归模拟。

得到的新数据如表 12.4 所示：

表 12.4　新数据

参数	参数估计值	置信区间
β_0	81.4881	[78.7878　84.1883]
β_1	1.2877	[0.7964　1.7790]
β_2	2.9766	[2.3281　3.6250]
$R^2=0.9768$，$F=84.3842$，$p=0.0005<0.05$		

残差及其置信区间如图 12.13 所示：

可见剔除异常点后的回归模型更好，得 $\beta_0=81.4881$，$\beta_1=1.2877$，$\beta_2=2.9766$，代入回归方程得：

$$\hat{y} = 81.4881 + 1.2877x_1 + 2.9766x_2$$

取最后一个点[2.5，3.0]检验，代入回归方程得：$\hat{y}=93.6369$，而用剔除之前的模型得 $\hat{y}=93.4692$. 可见剔除异常点之后的模型预测效果更好。

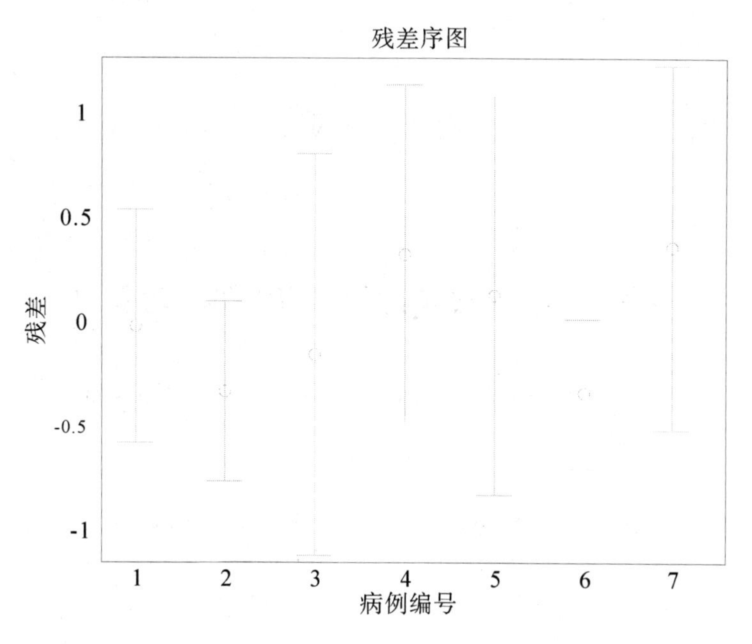

图 12.13　残差及其置信区间图

习　题

第 1 章　《数学建模实验》初步习题

1.1　怎样解决下面的实际问题？包括需要哪些数据资料，要做些什么观察、试验以及建立什么样的数学模型等：

1)估计一个人体内血液的总量。

2)为保险公司制定人寿保险金计划(不同年龄的人应缴纳的金额和公司赔偿的金额)。

3)估计一批日光灯管的寿命。

4)确定火箭发射至最高点所需的时间。

5)决定十字路口黄灯亮的时间长度。

6)为汽车租赁公司制订车辆维修、更新和出租计划。

7)一高层办公楼有 4 部电梯，早上班时间非常拥挤，试制订合理的运行计划。

1.2　一垂钓俱乐部鼓励垂钓者将钓上的鱼放生，打算按照放生的鱼的重量给予奖励。俱乐部只准备了一把软尺用于测量，请你设计按照测量的长度估计鱼的重量的方法。假定鱼池中只有一种鱼(鲈鱼)，并且得到 8 条鱼的如下数据(胸围指鱼身的最大周长)：

身长(cm)	36.8	31.8	43.8	36.8	32.1	45.1	35.9	32.1
重量(g)	765	482	1162	737	482	1389	652	454
胸围(cm)	24.8	21.3	27.9	24.8	21.6	31.8	22.9	21.6

用机理分析建立模型，并试用数据确定参数。

1.3　用已知尺寸的矩形板材加工一定的圆盘，给出几种简便、有效的排列方法使加工出尽可能多的圆盘。

1.4　一昼夜有多少时刻互换长短针后仍表示一个时间？如何求出这些时间？

1.5　人、狗、鸡、米均要过河，船需要人划，另外至多还能载一物，而当人不在时，狗要吃鸡，鸡要吃米。问人、狗、鸡、米怎样过河？

1.6 有3对阿拉伯夫妻过河，船至多载两人，条件是根据阿拉伯法典，任一女子不能在其丈夫不在的情况下与其他的男子在一起。问怎样过河？

1.7 如果银行存款年利率为5.5%，问如果要求到2020年本利积累为100000元，那么在2000年应在银行存入多少元？而到2020年的本利积累为多少元？

1.8 生物学家认为，对于休息状态的热血动物消耗的能量主要用于维持体温，能量与从心脏到全身的血流量成正比，而体温主要通过身体表面散失，建立一个动物体重与心率之间关系的模型，并用下面的数据加以检验。

田鼠	25	670
家鼠	200	420
兔	2000	205
小狗	5000	120
大狗	30000	85
羊	50000	70
人	70000	72
马	450000	38

1.9 甲乙两公司通过广告来竞争销售商品的数量，广告费分别是 x 和 y 。设甲乙公司商品的售量在两公司总售量中占的份额，是它们的广告费在总广告费中所占份额的函数 $f(\frac{x}{x+y})$ 和 $f(\frac{y}{x+y})$ 。又设公司的收入与售量成正比，从收入中扣除广告费后即为公司的利润。试构造模型的图形，并讨论甲公司怎样确定广告费才能使利润最大。

1.10 举重比赛按照运动员的体重分组，你能在一些合理、简化的假设下建立比赛成绩与体重之间的关系吗？下面是一界奥运会竞赛的成绩，可供检验你的模型（单位：公斤 kg）。

组别	最大体重	抓举	挺举	总成绩
1	54	132.5	155	287.5
2	59	137.5	170	307.5
3	64	147.5	187.5	335
4	70	162.5	195	357.5
5	76	167.5	200	367.5

续表

组别	最大体重	抓举	挺举	总成绩
6	83	180	212.5	392.5
7	91	187.5	213	402.5
8	99	185	235	420
9	108	195	235	430
10	>108	197.5	260	457.5

1.11 甲乙两人一开始相距 3 公里，甲乙两人的行走速度分别为 4 公里/小时，2 公里/小时；有一条小狗名叫“追风少年”，一开始与甲在一起，小狗以速度 5 公里/小时奔向乙；当小狗遇到乙后，又奔向甲，遇到甲又奔向乙，如此往复，直到甲乙相遇。问小狗奔跑了多少路程？

1.12 现有一块矿石，估计其重量不超过 1 公斤。现用一架天平和若干个重量为 1 克的砝码来称矿石的重量，假定砝码的数量足够多。在称矿石重量的时候，每一次对天平平衡状况的观察称为一次称重。试找出一种方法，使得至多称重 10 次即可称出矿石的重量，其重量误差不超过 1 克。编程描述称重过程。

1.13 在线段[0, 1]上任意投三个点，问由 0 至三点的三线段，能构成三角形与不能构成三角形这两个事件中哪一个事件的概率大？

1.14 有一根铁丝绕刚好地球一周，如果把铁丝加长 1 米，并且均匀分布在地球一周。问一只松鼠能否从地表和铁丝间穿过，并说明理由。

1.15 过桥问题(微软面试题)：著名的爱尔兰 U2 摇滚乐队要在 17 分钟内赶到演唱会场，途中必须跨过一座桥，四个人从桥的同一端出发，你得帮助他们到达另一端，天色很暗，而他们只有一只手电筒。一次同时最多可以有两人一起过桥，而过桥的时候必须持有手电筒，所以就得有人把手电筒带来带去，来回桥两端。手电筒是不能用丢的方式来传递的。四个人的步行速度各不同，若两人同行则以较慢者的速度为准。张三需花 1 分钟过桥，李四需花 2 分钟过桥，王五需花 5 分钟过桥，小六需花 10 分钟过桥。他们要如何在 17 分钟内过桥呢？

第 2 章 差分方程习题

2.1 某人从银行贷款购房，若他今年初贷款 10 万元，月利率 0.5%，每月还 1000

元，建立差分方程计算他每年末欠银行多少钱，多少时间才能还清？如果要10年还清，每月需还多少？

2.2　一老人60岁时将养老金10万元存入基金会，月利率0.4%，他每月取1000元作生活费，建立差分方程计算他每岁末尚有多少钱？多少岁时将基金用完？如果60岁时存入15万元，可以用到多少岁？

2.3　某湖泊每天有104m^3的河水流入，河水中污物浓度为0.02g/m^3，经渠道排水后湖泊容积保持200×104m^3不变，现测定湖泊中污物浓度为0.2 g/m^3，建立差分方程计算湖泊中一年内逐月（每月按30天计）下降的污物浓度，问要多长时间才能达到环保要求的浓度0.04g/m^3？为了把这个时间缩短为一年，应将河水中污物浓度降低到多少？

2.4　某日凌晨一住所发生一件凶杀案，警方于6时到达现场后测得尸温26℃，室温17℃，2小时后尸温下降了3℃。试根据冷却定律建立差分方程，估计凶杀案发生的时间（可设正常体温为37℃）。

2.5　据报道，某种山猫在较好、中等及较差的自然环境下，年平均增长率分别为1.68%，0.55%和−4.50%，假定开始时有100只山猫，按以下情况讨论山猫数量逐年变化过程及趋势：

（1）3种自然环境下25年的变化过程（作图）；

（2）如果每年捕获3只，会发生什么情况？山猫会灭绝吗？如果每年只捕获1只呢？

（3）在较差的自然环境下，如果想使山猫数量稳定在60只左右，每年要人工繁殖多少只？

2.6　某居民小区有一个直径10m的圆柱形水塔，每天午夜24时向水塔供水，此后每隔2小时记录水位（cm），如表，计算小区在这些时刻每小时的用水量。

时刻/h	2	4	6	8	10	12	14	16	18	20	22	24
水位/cm	305	298	290	265	246	225	207	189	165	148	130	114

2.7　与蛛网模型稍有差别，设第$k+1$与k时段商品上市数量之差是第k时段价格的线性增函数，系数为a；第$k+1$与k时段商品价格之差是第k时段数量的线性减函数，系数为b。又已知当商品数量为500、价格为200时，处于平衡状态。建立差分方程模型描述商品数量和价格的变化规律，对以下情况作图讨论其变化趋势。

1)设 $a=0.2, b=0.1$,开始时商品数量和价格分别在 500 和 100 附近。

2)对 a, b 作些改变,开始时商品数量和价格分别在 500 和 100 附近。

3)利用特征根讨论变化趋势。

2.8 在某种环境下猫头鹰的主要食物来源是田鼠,设田鼠的年平均增长率为 r_1,猫头鹰的存在引起的田鼠增长率的减少与猫头鹰的数量成正比,比例系数为 a_1;猫头鹰的年平均减少率为 r_2;田鼠的存在引起的猫头鹰减少率的增加与田鼠的数量成正比,比例系数为 a_2。建立差分方程模型描述田鼠和猫头鹰共处时的数量变化规律,对以下情况作图给出 50 年的变化过程。

(1) 设 $r_1=0.2$,$r_2=0.3$,$a_1=0.001$,$a_2=0.002$,开始时有 100 只田鼠和 50 只猫头鹰;

(2) r_1, r_2, a_1, a_2 同上,开始时有 100 只田鼠和 200 只猫头鹰;

(3) 适当改变参数 a_1, a_2(初始值同上);

(4) 求差分方程的平衡点,它们稳定吗?

2.9 (汉诺塔问题)n 个大小不同的圆盘依其半径大小依次套在桩 A 上,大的在下,小的在上。现在将此 n 个盘移到空桩 B 或 C 上,但要求一次只能移动一个盘且移动过程中,始终保持大盘在下,小盘在上。移动过程中桩 A 也可以利用。设移动 n 个盘的次数为 a_n,试建立关于 a_n 的差分方程。

2.10 (菲波那契问题)设第一月初有雌雄各一的一对小兔。假定两月后长成成兔,同时(即第三个月)开始每月初产雌雄各一的一对小兔,新增小兔也按此规律繁殖。设第 n 月末共有 $y=x^{1/2}$ 对兔子,试建立关于 $y=x^{1/2}$ 的差分方程。

第 3 章 插值与数值积分习题

3.1 用 $y=x^{1/2}$ 在 $x=0,1,4,9,16$ 产生 5 个节点 $P_1,\cdots,P_5$。用不同的节点构造插值公式来计算 $x=5$ 处的插值,与精确值比较并进行分析。

3.2 选择一些函数,分别用梯形、辛普森和 *Gauss*-*Lobatto* 三种方法计算积分。改变步长(对梯形),改变精度要求(对辛普森和 *Gauss*-*Lobatto*),进行比较、分析。如下函数供选择参考:

(1) $y=\dfrac{1}{x+1}, 0\leqslant x\leqslant 1$; (2) $y=e^{3x}\sin 2x, 0\leqslant x\leqslant 2$;

(3) $y=\sqrt{1+x^2}, 0\leqslant x\leqslant 2$;(4) $y=\dfrac{1}{\sqrt{2\pi}}e^{-\frac{x^2}{2}}, -2\leqslant x\leqslant 2$;

3.3　选用三种数值积分方法计算圆周率 π。

3.4　求 $\int_0^{2\pi} \frac{\sin x}{x} \mathrm{d}x$ 的数值积分，使误差在 10^{-2} 以内。

3.5　已知速度曲线 $v(t)$ 上的四个数据点如下表所示：

t	0.15	0.16	0.17	0.18
$v(t)$	3.5	1.5	2.5	2.8

用三次样条插值求位移 $S = \int_{0.15}^{0.18} v(t)\mathrm{d}t$ 。

3.6　在某海域测得一些点 (x,y) 处的水深 z，数据由下表给出，在适当的矩形区域内画出海底曲面的图形。

x	129	140	103.5	88	185.5	195	105	157.5	107.5	77	81	162	162	117.5
y	7.5	141.5	23	147	22.5	137.5	85.5	- 6.5	−81	3	56.5	−66.5	84	−33.5
z	4	8	6	8	6	8	8	9	9	8	8	9	4	9

第 4 章　常微分方程习题

4.1　用 *Euler* 方法和 *Runge*－*Kutta* 方法求下列微分方程初值问题的数值解，画出解的图形，对结果进行分析比较。

(1) $y' = y + 2x, y(0) = 1, 0 \leqslant x \leqslant 1$ ，精确解 $y = 3e^x - 2x - 2$ ；

(2) $y' = x^2 - y^2, y(0) = 1$ ；

(3) $x^2 y'' + xy' + (x^2 - n^2) y = 0, y(\frac{\pi}{2}) = 2, y'(\frac{\pi}{2}) = -\frac{2}{\pi}$ ，精确解 $y = \sqrt{\frac{2\pi}{x}} \sin x$（贝塞尔方程，令 $n = 0.5$）。

4.2　放射性废物的处理：有一段时间，美国原子能委员会（现为核管理委员会）处理浓缩放射性废物时，把它们装入密封性能很好的圆桶中，然后扔到水深 300 英尺(91.44m)的海里。这种做法是否会造成放射性污染，自然引起生态学家及社会各界的关注。原子能委员会一再保证，圆桶非常坚固，决不会破漏，这种做法是绝对安全的. 然而一些工程师们却对此表示怀疑，认为圆桶在和海底相撞时有可能发生破裂. 于是双方展开了一场笔墨官司。

究竟谁的意见正确呢？原子能委员会使用的是 55 加仑（约合 208L）的圆桶，装满放射性废物时的圆桶重量为 527.436 磅(约合 239kg)，在海水中受到的浮力为 470.327 磅(约合 213kg)。此外，下沉时圆桶还要受到海水的阻力，阻力与下沉速度成正比，工程师们做了大量实验，测得其比例系数为 0.08(磅秒/英尺). 同时，大量破坏性实验发现当圆桶速度超过 40 英尺/秒(约合 12.192m/s)时，就会因与海底冲撞而发生破裂。

(1) 建立解决上述问题的微分方程数学模型。

(2) 用数值和解析两种方法求解微分方程，并回答谁赢了这场官司。

4.3　一只小船渡过宽为 d 的河流，目标是起点 A 正对着的另一岸 B 点。已知河水流速 v_1 与船在静水中的速度 v_2 之比为 k 。

(1)建立描述小船航线的数学模型，求其解析解；

(2)设 $d=100$ m, $v_1=1$ m/s, $v_2=2$ m/s，用数值解法求渡河所需时间、任意时刻小船的位置及航行曲线，作图，并与解析解比较；

(3)若流速 $v_1=0, 0.5, 1.5, 2$ (m/s)，结果将如何？

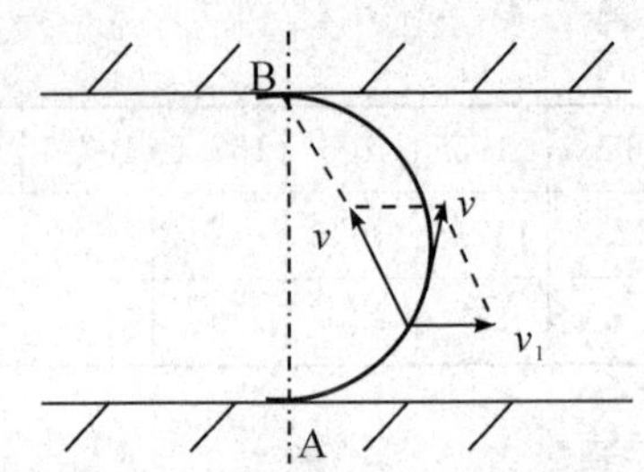

4.4　两种群相互竞争模型如下：

$$\dot{x}(t)=r_1x\left(1-\frac{x}{n_1}-s_1\frac{y}{n_2}\right),\ \dot{y}(t)=r_2y\left(1-s_2\frac{x}{n_1}-\frac{y}{n_2}\right)$$

其中 $x(t)$, $y(t)$ 分别为甲乙两种群的数量，r_1 ，r_2 为它们的固有增长率，n_1 ，n_2 为它们的最大容量。s_1 的含义是，对于供养甲的资源来说，单位数量的乙(相对 n_2)的消耗为单位数量甲(相对 n_1)消耗的 s_1 倍，对 s_2 可以作相应解释。

该模型无解析解，试用数值方法研究以下问题：

(1)设 $r_1=r_2=1, n_1=n_2=100, s_1=0.5, s_2=2$，初值 $x(0)=y(0)=10$，计算 $x(t)$, $y(t)$ ，画出它们的图形，说明时间 t 充分大后 $x(t)$, $y(t)$ 的变化趋势(人们今天看到的已经是自然界长期演变的结局)。

(2)改变 $r_1, r_2, n_1, n_2, x(0), y(0)$ ，但 $s_1=0.5, s_2=2$ 不变，计算并分析所得结果，若 $s_1=1.5>1, s_2=0.7<1$ ，再分析结果。由此你可以得到什么结论，请用各参数生态学上的含义作出解释。

(3)试验当 $s_1=0.8<1, s_2=0.7<1$ 时会有什么结果，当 $s_1=1.5>1, s_2=1.7>1$ 时，又会有什么结果，能解释这些结果吗？

4.5 生活在阿拉斯加海滨的鲑鱼服从 *Malthus* 增长模型

$$\frac{\mathrm{d}p(t)}{\mathrm{d}t}=0.003p(t)$$

其中 t 以分钟计。在 $t=0$ 时一群鲨鱼来到此水域定居,开始捕食鲑鱼。鲨鱼捕杀鲑鱼的速率是 $0.001p^2(t)$,其中 $p(t)$ 是 t 时刻鲑鱼总数。此外,由于在它们周围出现意外情况,平均每分钟有 0.002 条鲑鱼离开此水域。(1)考虑到两种因素,试修正 *Malthus* 模型。(2)假设在 $t=0$ 是存在 100 万条鲑鱼,试求鲑鱼总数 $p(t)$,并问 $t\to\infty$时会发生什么情况?

4.6 根据卢瑟福的放射性衰变定律,放射性物质衰变的速度与现存的放射性物质的原子数成正比,比例系数成为衰变系数,试建立放射性物质衰变的数学模型。若已知某放射性物质经时间 $T_{1/2}$ 放射物质的原子下降至原来的一半($T_{1/2}$ 称为该物质的半衰期)。试确定其衰变系数。

4.7 用具有放射性的 C^{14}(碳 14)测量古生物年代的原理是:宇宙线轰击大气层产生中子,中子与氮结合产生 C^{14}。植物吸收二氧化碳时吸收了 C^{14},动物食用植物从植物中得到 C^{14}。在活组织中 C^{14} 的吸收速率恰好与 C^{14} 的衰变速率平衡。但一旦动植物死亡,它就停止吸收 C^{14},于是 C^{14} 的浓度随衰变而降低。由于宇宙线轰击大气层的速度可视为常数,即动物刚死亡时 C^{14} 的衰变速率与现在取的活组织样本(刚死亡)的衰变速率是相同的。若测得古生物标本现在 C^{14} 的衰变速率,由于 C^{14} 的衰变系数已知,即可决定古生物的死亡时间。试建立用 C^{14} 测古生物年代的模型(C^{14} 的半衰期为 5568 年)。

4.8 试用上题建立的数学模型,确定下述古迹的年代:

(1)1950 年从法国拉斯科(Lascaux)古岩洞中取出的碳测得放射性计数率为 0.97 计数(g · min),而活树木样本测得的计数为 6.68 计数(g · min),试确定该洞中岩画的年代;

(2)1950 年从某古巴比伦城市的屋梁中取得碳标本测得计数率为 4.09 计数(g · min),活数标本为 6.68 计数(g · min),试估计该建筑的年代。

4.9 某地有一池塘,其水面面积约为 $100\times100\mathrm{m}^2$,用来养殖某种鱼类。在如下的假设下,设计能获取较大利润的三年的养鱼方案。

(1)鱼的存活空间为 $1\mathrm{kg/m}^2$;

(2)每 1kg 鱼每需要的饲料为 0.05kg,市场上鱼饲料的价格为 0.2 元/kg;

(3)鱼苗的价格忽略不计,每 1kg 鱼苗大约有 500 条鱼;

(4)鱼可四季生长,每天的生长重量与鱼的自重成正比,365 天长为成鱼,成鱼的重量为 2kg；

(5)池内鱼的繁殖与死亡均忽略；

(6)若 q 为鱼重，则此种鱼的售价为 $Q=\begin{cases} 0\text{ 元/kg} & q<0.2 \\ 6\text{ 元/kg} & 0.2\leqslant q<0.75 \\ 8\text{ 元/kg} & 0.75\leqslant q<1.5 \\ 10\text{ 元/kg} & 1.5\leqslant q\leqslant 2 \end{cases}$

(7)该池内只能投放鱼苗。

4.10 建立肿瘤生长模型。通过大量医疗实践发现肿瘤细胞的生长有以下现象：1)当肿瘤细胞数目超过 10^{11} 时才是临床可观察的；2)在肿瘤生长初期，几乎每经过一定时间肿瘤细胞就增加一倍；3)由于各种生理条件限制，在肿瘤生长后期肿瘤细胞数目趋向某个稳定值。

(1)比较 Logistic 模型与 Gompertz 模型：$\frac{\mathrm{d}n}{\mathrm{d}t}=-\lambda n\ln\frac{n}{N}$，其中 $n(t)$ 是细胞数，N 是极限值，λ 是参数。

(2)说明上述两个模型是 Usher 模型：$\frac{\mathrm{d}n}{\mathrm{d}t}=\frac{\lambda n}{\alpha}\left(1-\left(\frac{n}{N}\right)^{\alpha}\right)$ 的特例。

4.11 药物动力学中的 Michaelis－Menton(麦凯利斯－曼腾)模型为 $\frac{\mathrm{d}x}{\mathrm{d}t}=-\frac{kx}{a+x}(k,a>0)$，$x_0^*$ 表示人体内药物在时刻 t 的浓度. 研究这个方程的解的性质.

(1)对于很多药物(如可卡因)，a 比 $x(t)$ 大得多，Michalis－Menton 方程及其解如何简化?

(2)对于另一些药物(如酒精)，$x(t)$ 比 a 大得多，Michalis－Menton 方程及其解如何简化?

4.12 考虑一个受某种物质污染的湖水，假设这个湖的湖水体积 V(以立方米计)不变，且污染物质均匀地混合于湖水中。以 $x(t)$ 记在任一时刻 $\frac{\mathrm{d}p}{\mathrm{d}t}=ap-bp^2$ 每立方米湖水所含污染物的克数，这是污染程度的一种合适量度，习惯称它为污染浓度。令 r 记每天流出的湖水立方米数，由假设，这也等于每天流入湖里的水量。我们的问题是：如果某时刻污染物质突然停止进入湖水，那么需要经过多长时间才能使湖水的污染浓度下降到开始时污染的 5%?

4.13 多数药物是口服或静脉注射的，并且被血液吸收需要时间。同时药物将由肾排除出。给出这种情况的药物动力学模型。下列是一些关于药物动态的数据。第一种药物是磺胺嘧啶,第二种药物是水扬酸钠。用 O 表示口服,I 表示静脉注射,第 2 列中的“克”表示原服用量,其余的表示用药后各时刻的血药浓度。检验你的模型拟合的程度? 对于不一致的现象你能怎样解释?

用法	克	1 时	2 时	4 时	6 时	8 时	10 时	12 时	24 时
O	4.0	2.3	2.7	3.6	3.0	—	2.0	—	—
O	40.	1.8	2.8	3.9	3.5	2.6	2.2	—	—
I	1.8	3.8	3.4	2.6	2.1	—	—	—	—
I	1.8	3.7	3.3	2.7	2.3	—	—	—	—
O	10	5.0	—	—	14.4	—	—	15.7	12.5
I	10	39.4	—	—	31.4	—	—	24.2	16.2
I	201	56.7	—	—	43.0	—	—	35.2	26.6

4.14 一家环境保护示范餐厅用微生物将剩余的食物变成肥料,餐厅每天将剩余的食物制成浆状并与蔬菜下脚及少量纸片混合成原料,加入真菌菌种后放入容器内。真菌消化这些混合原料,变成肥料。由于原料充足,肥料需求旺盛,餐厅希望增加肥料产量。由于无力添加新设备,餐厅希望用增加真菌活力的办法来加速肥料生产。试通过分析以前肥料生产记录(如下表),建立反映肥料生成机理的数学模型,提出改善肥料生成的建议。

食物浆	蔬菜下脚	碎纸	投料日期	产出日期
86	31	0	90.7.13	90.8.10
112	79	0	90.7.17	90.8.13
71	21	0	90.7.24	90.8.20
203	82	0	90.7.27	90.8.22
79	28	0	90.8.10	90.9.12
105	52	0	90.8.13	90.9.18
121	15	0	90.8.20	90.9.24
110	32	0	90.8.22	90.10.8
82	44	0	91.4.30	91.6.18
57	60	0	91.5.2	91.6.20
77	51	0	91.5.7	91.6.25
52	38	0	91.5.10	91.6.28

4.15 某种飞机在机场降落时，为了减少滑行距离，在接触地面的瞬间，飞机尾部张开减速伞以增大阻力，使飞机迅速减速并停下来。现有一质量为 $m = 9$ 吨的飞机，着陆时的水平速度为 700 千米/小时。经测试，减速伞打开后，飞机所受的阻力与飞机的速度成正比，其比例系数 $k = 6.0 \times 10^6$ 。

(1)试求滑行时的速度 v 与滑行时间 t 的关系。

(2)试计算飞机从着陆点起滑行的最长距离。

第5章 线性代数方程组习题

5.1 分别用 Jacobi 迭代法和 Gauss－Seidel 迭代法计算下列方程组，均取相同的初值 $x^{(0)} = (1,1,1)^T$ ，观察其计算结果，并分析其收敛性。

$$(1)\begin{cases} x_1 - 9x_2 - 10x_3 = -1 \\ -9x_1 + x_2 + 5x_3 = 0 \\ 8x_1 + 7x_2 + x_3 = 4 \end{cases} \qquad (2)\begin{cases} 5x_1 - x_2 - 3x_3 = -1 \\ -x_1 + 2x_2 + 4x_3 = 0 \\ -3x_1 + 4x_2 + 15x_3 = 4 \end{cases}$$

$$(3)\begin{cases} 10x_1 + 4x_2 + 5x_3 = -1 \\ 4x_1 + 10x_2 + 7x_3 = 0 \\ 5x_1 + 7x_2 + 10x_3 = 4 \end{cases}$$

5.2 已知方程组 $Ax = b$ ，其中 20 阶方阵 $A \in R^{20\times 20}$ 定义为

$$A = \begin{bmatrix} 3 & -1/2 & -1/4 & & & \\ -1/2 & 3 & -1/2 & -1/4 & & \\ -1/4 & -1/2 & 3 & -1/2 & \ddots & \\ & \ddots & \ddots & \ddots & \ddots & -1/4 \\ & & -1/4 & -1/2 & 3 & -1/2 \\ & & & -1/4 & -1/2 & 3 \end{bmatrix}$$

试通过迭代法求解此方程组，认识迭代法收敛的含义以及迭代初值和方程组系数矩阵性质对收敛速度的影响。实验要求：

(1)选取不同的初始向量 $x^{(0)}$ 和不同的方程组右端项向量 b ，给定迭代误差要求，用 Jacobi 迭代法和 Gauss－Seidel 迭代法计算，观测得到的迭代向量序列是否均收敛？若收敛，记录迭代次数，分析计算结果并得出你的结论；

(2)取定右端向量 b 和初始向量 $x^{(0)}$ ，将 A 的主对角线元素成倍增长若干次，非主对角线元素不变，每次用 Jacobi 迭代法计算，要求迭代误差满足 $\| x^{(k+1)} - x^{(k)} \|_\infty < 10^{-5}$ ，比较收敛速度，分析现象并得出你的结论。

5.3 通过下面的数字例子观察松弛因子 ω 对超松弛迭代收敛速度的影响。已知

方程组

$$\begin{cases} -4x_1+x_2+x_3+x_4=1 \\ x_1-4x_2+x_3+x_4=1 \\ x_1+x_2-4x_3+x_4=1 \\ x_1+x_2+x_3-4x_4=1 \end{cases}$$

取 $\omega=0.75,1.0,1.25,1.5$，用 SOR 迭代法求解，比较其迭代结果(并与精确解相比)。

5.4 种群的繁殖与稳定收获:种群的数量因繁殖而增加，因自然死亡而减少，对于人工饲养的种群(比如家畜)而言，为了保证稳定的收获，各个年龄的种群数量应维持不变。种群因雌性个体的繁殖而改变，为方便起见以下种群数量均指其中的雌性。种群年龄记作 $k=1,2,\cdots,n$，当年年龄 k 的种群数量记作 x_k，繁殖率记作 b_k（每个雌性个体一年繁殖的数量)，自然存活率记作 s_k（$s_k=1-d_k$，d_k 为一年的死亡率)，收获量记作 h_k，则来年年龄 k 的种群数量 $\tilde{x}_k$ 应为 $\tilde{x}_1=\sum_{k=1}^{n}b_kx_k$，$\tilde{x}_{k+1}=s_kx_k-h_k$，$k=1,2,\cdots,n-1$。要求各个年龄的种群数量每年维持不变就是要使 $\tilde{x}_k=x_k(k=1,2,\cdots,n)$。

(1)若 b_k，s_k 已知，给定收获量 h_k，建立求各年龄的稳定种群数量 x_k 的模型(用矩阵、向量表示)。

(2) 设 $n=5$，$b_1=b_2=b_5=0$，$b_3=5$，$b_4=3$，$s_1=s_4=0.4$，$s_2=s_3=0.6$，如要求 $h_1\sim h_5$ 为 500,400,200,100,100，求 $x_1\sim x_5$。

(3)要使 $h_1\sim h_5$ 均为 500，如何达到?

5.5 一家在 A 城和 B 城设有分店的汽车租赁公司，旅行者可以在一个城市租赁一辆汽车到另一个城市还。旅行者在 A 城市租赁在 A 城市还的概率为 0.6，在 B 城市还的概率为 0.4;旅行者在 B 城市租赁在 A 城市还的概率为 0.3，在 B 城市还的概率为 0.7。若开始每个城市有 100 辆车，问 5 个周期后各个城市有几辆车?

第 6 章 非线性方程和方程组习题

6.1 分别用 fzero 和 fsolve 程序求方程 $\sin x-x^2/2=0$ 的所有根，准确到 10^{-10}，取不同的初值计算，输出初值、根的近似值和迭代次数，分析不同根的收敛域;自己构造某个迭代公式(如 $x=(2\sin x)^{1/2}$ 等)用迭代法求解，并自己编写牛顿法的程序进行求解和比较。

6.2 对 $k=2,3,4,5,6$，分别求一个 3 阶实方阵 A，使得 $A^k=[1,2,3;4,5,6;7,$

8,9]。

6.3 (1)小张夫妇以按揭方式贷款买了1套20万元的房子,首付了5万元,每月还款1000元,15年还清。问贷款利率是多少?(2)某人欲贷款50万元购房,他咨询了两家银行,第一家银行开出的条件是每月还4500元,15年还清;第二家银行开出的条件是每年还45000元,20年还清。从利率方面看,哪家银行较优惠(简单的假设年利率=月利率×12)?

6.4 给定4种物质对应的参数 a_k,b_k,c_k 和交互作用矩阵 Q 如下:

$a_1=18.607, a_2=15.841, a_3=20.443, a_4=19.293,$

$b_1=2643.41, b_2=2755.64, b_3=4628.96, b_4=4117.07,$

$c_1=239.73, c_2=219.16, c_3=252.64, c_4=227.44$

$$Q=\begin{bmatrix}1 & 0.192 & 2.169 & 1.611\\ 0.316 & 1 & 0.477 & 0.524\\ 0.377 & 0.360 & 1 & 0.296\\ 0.524 & 0.282 & 2.065 & 1\end{bmatrix}$$

在压强 $p=760$ mmHg(毫米汞柱)下,为了形成均相共沸混合物,温度和组分分别是多少?请尽量找出所有可能解。

第7章 无约束优化习题

7.1 取不同的初值计算下列平方和形式的非线性规划,尽可能求出所有局部极小点,进而找出全局极小点,并对不同算法(搜索方向、搜索步长、数值梯度与分析梯度等)的结果进行分析、比较.

(1) $\min\ (x_1^2+x_2-11)^2+(x_1+x_2^2-7)^2$;

(2) $\min\ (x_1^2+12x_2-1)^2+(49x_1^2+49x_2^2+84x_1+2324x_2-681)^2$;

(3) $\min\ (x_1+10x_2)^2+5\,(x_3-x_4)^2+(x_2-2x_3)^4+10\,(x_1-x_4)^4$;

(4) $\min 100\{[x_3-10\theta(x_1,x_2)]^2+[(x_1^2+x_2^2)^{\frac{1}{2}}-1]^2\}+x_3^2$,其中

$$\theta(x_1,x_2)=\begin{cases}\dfrac{1}{2\pi}\arctan\left(\dfrac{x_2}{x_1}\right), x_1>0\\ \dfrac{1}{2\pi}\arctan\left(\dfrac{x_1}{x_2}\right)+\dfrac{1}{2}, x_1<0\end{cases}$$

7.2 取不同的初值计算下列非线性规划,尽可能求出所有局部极小点,进而找出全局极小点,并对不同算法(搜索方向、搜索步长、数值梯度与分析梯度等)的结果进行

分析、比较.

(1) $\min z = (x_1 x_2)^2 (1 - x_1)^2 [1 - x_1 - x_2 (1 - x_1)^5]^2$

(2) $\min z = e^{-x_1 - x_2}(2x_1^2 + 3x_2^2)$;

(3) $\min z = (x_1 - 2)^2 + (x_2 - 1)^2 + \dfrac{0.04}{-0.25x_1^2 - x_2^2 + 1} + 5(x_1 - 2x_2 + 1)^2$

(4) $\min z = -\dfrac{1}{(x - a_1)^T(x - a_1) + c_1} - \dfrac{1}{(x - a_2)^T(x - a_2) + c_1}, x \in R^2$

其中 $(c_1, c_2) = (0.7, 0.73)$, $a_1 = (4,4)^T, a_2 = (2.5, 3.8)^T$ 。

7.3　有一组数据 $t_i, y_i, i = 1,2,\cdots,33$,其中 $t_i = 10(i-1)$, y_i 由下表给出。现要用这组数据拟合函数

$$f(x,t) = x_1 + x_2 e^{-x_4 t} + x_3 e^{-x_5 t}$$

中的参数 x ,初值可选为 0.5,1.5,−1,0.01,0.02 ,用 GN 和 LM 两种方法求解。对 y_i 作一扰动,即 $y_i + e_i$, e_i 为 $(-0.05, 0.05)$ 内的随机数,观察并分析迭代收敛是否会变慢。

i	y_i	i	y_i	i	y_i
1	0.844	12	0.718	23	0.478
2	0.908	13	0.685	24	0.467
3	0.932	14	0.658	25	0.457
4	0.936	15	0.628	26	0.448
5	0.925	16	0.603	27	0.438
6	0.908	17	0.580	28	0.431
7	0.881	18	0.558	29	0.424
8	0.850	19	0.538	30	0.420
9	0.818	20	0.522	31	0.414
10	0.784	21	0.506	32	0.411
11	0.751	22	0.490	33	0.406

7.4　经济学中著名的 Cobb—Douglas 生产函数的一般形式为

$$Q(K,L) = aK^{\alpha}L^{\beta}, 0 < \alpha, \beta < 1$$

其中 Q,K,L 分别表示产值、资金、劳动力,式中 α,β,a 要由经济统计数据确定。现有《中国统计年鉴(2003)》给出的统计数据如下表,请用非线性最小二乘拟合求出式中的 α,β,a 并解释 α,β 的含义。

年份	总产值/万亿元	资金/万亿元	劳动力/亿人
1984	0.7171	0.0910	4.8179
1985	0.8964	0.2543	4.9873
1986	1.0202	0.3121	5.1 282
1987	1.1962	0.3792	5.2783
1988	1.4928	0.4754	5.4334
1989	1.6909	0.4410	5.5329
1990	1.8548	0.4517	6.4749
1991	2.1618	0.5595	6.5491
1992	2.6638	0.8080	6.6152
1993	3.4634	1.3072	6.6808
1994	4.6759	1.7042	6.7455
1995	5.8478	2.0019	6.8065
1996	6.7885	2.2914	6.8950
1997	7.4463	2.4941	6.9820
1998	7.8345	2.8406	7.0637
1999	8.2068	2.9854	7.1394
2000	9.9468	3.2918	7.2085
2001	9.7315	3.7314	7.3025
2002	10.4791	4.3500	7.3740

其中总产值取自“国内生产总值”，资金取自“固定资产投资”，劳动力取自“就业人员”.

7.5　某分子由25个原子组成，并且已经通过实验测量得到了其中某些原子对之间的距离（假设在平面结构上讨论），如下表所示。请你确定每个原子的位置关系。

原子对	距离	原子对	距离	原子对	距离	原子对	距离
(4,1)	0.9607	(5,4)	0.4758	(18,8)	0.8363	(15,13)	0.5725
(12,1)	0.4399	(12,4)	1.3402	(13,9)	0.3208	(19,13)	0.7660
(13,1)	0.8143	(24,4)	0.7006	(15,9)	0.1574	(15,14)	0.4394
(17,1)	1.3765	(8,6)	0.4945	(22,9)	1.2736	(16,14)	1.0952
(21,1)	1.2722	(13,6)	1.0559	(11,10)	0.5781	(20,16)	1.0422
(5,2)	0.5294	(19,6)	0.6810	(13,10)	0.9254	(23,16)	1.8255
(16,2)	0.6144	(25,6)	0.3587	(19,10)	0.6401	(18,17)	1.4325

续表

原子对	距离	原子对	距离	原子对	距离	原子对	距离
(17,2)	0.3766	(8,7)	0.3351	(20,10)	0.2467	(19,17)	1.0851
(25,2)	0.6893	(14,7)	0.2878	(22,10)	0.4727	(20,19)	0.4995
(5,3)	0.9488	(16,7)	1.1346	(18,11)	1.3840	(23,19)	1.2277
(20,3)	0.8000	(20,7)	0.3870	(25,11)	0.4366	(24,19)	1.1271
(21,3)	1.1090	(21,7)	0.7511	(15,12)	1.0307	(23,21)	0.7060
(24,3)	1.1432	(14,8)	0.4439	(17,12)	1.3904	(23,22)	0.8025

第 8 章　约束优化习题

8.1　(1) 给定 $A=\begin{pmatrix}2&1&2\\3&3&1\end{pmatrix}$，$b=\begin{pmatrix}4\\3\end{pmatrix}$，求 $Ax=b$ 的所有基解及可行域 $\{x\mid Ax=b, x\geqslant 0\}$ 的所有可行基解。由此回答：如果在该可行域上考虑线性函数 c^Tx，其中 $c=(4\quad 1\quad 1)^T$，那么 c^Tx 的最大值和最小值是多少？相应的最小点和最大点分别是什么？并指出有效约束。

(2)对于线性规划(opt 可以是 min 或 max)

$$\text{opt } z=-3x_1+2x_2-x_3$$

$$s.t.\begin{cases}2x_1+x_2-x_3\leqslant 5,\\4x_1+3x_2+x_3\geqslant 3,\\-x_1+x_2+x_3\geqslant 2,\\x_1,x_2,x_3\geqslant 0\end{cases}$$

考虑与(1)类似的问题。

8.2　对于如下线性规划问题(有 3 个决策变量 x,r,s 和 $2n$ 个约束)：

$$\min(-x_n)$$

$$\text{s.t.}\begin{cases}4x_1-4r_1=1,\\x_1+s_1=1,\\4x_j-x_{j-1}-4r_j=0,\\4x_j+x_{j-1}+4s_j=4,\\x_j,r_j,s_j\geqslant 0.\end{cases}$$

请分别对 n 的不同取值(如 $n=2,10,50$ 等)求解上述规划，并观察和比较不同算法的计算效率。

8.3　对于如下二次规划问题(只有 x 为决策变量)：

$$\min z = -0.5\sum_{i=1}^{20}\lambda_i(\chi_i - 2)^2 \text{ ,s.t. } Ax \leqslant b, x \geqslant 0$$

已知 $b = (-5,2,-1,-3.5,4,-1,0,9,40)^T$，A 为 10×20 的矩阵，$A^T = (a_{ij})_{20\times 10}$ 且

$a_{i,10} = 1\ (i=1,2,\cdots,20)$；$a_{i,22-i} = -3\ (i=13,14,\cdots,21)$；$a_{i,23-i} = 7\ (i=14,15,\cdots,22)$；$a_{i,24-i} = 0\ (i=15,16,\cdots,23)$；$a_{i,25-i} = -5\ (i=16,17,\cdots,24)$；$a_{i,26-i} = 1\ (i=17,18,\cdots,25)$；$a_{i,27-i} = 1\ (i=18,19,\cdots,26)$；$a_{i,28-i} = 0\ (i=19,20,\cdots,27)$；$a_{i,29-i} = 2\ (i=20,21,\cdots,28)$；

$a_{i,30-i} = -1\ (i=21,22,\cdots,29)$。

注意：在上面的表达中，当 a_{ij} 中的下标 i 超过 20 时，应理解为将该下标减去 20(即对 20 取模)，如 $a_{21,1} = -3$ 的含义是 $a_{1,1} = -3$，$a_{22,1} = 7$ 的含义是 $a_{2,1} = 7$，依此类推。

假设还已知 $\lambda_i\ (i=1,2,\cdots,20)$ 的取值，请分别对它的不同取值(如以下两种取值)求解上述规划：⑴ $\lambda_i = 1(i=1,2,\cdots,20)$；⑵ $\lambda_i = i(i=1,2,\cdots,20)$。

8.4　如图，有若干工厂的排污口流入某江，各口有污水处理站，处理站对面是居民点。工厂 1 上游江水流量和污水浓度，国家标准规定的水的污染浓度，以及各个工厂的污水流量和污水浓度均已知道。设污水处理费用与污水处理前后的浓度差和污水流量成正比，使每单位流量的污水下降一个浓度单位需要的处理费用(称处理系数)为已知。处理后的污水与江水混合，流到下一个排污口之前，自然状态下的江水也会使污水浓度降低一个比例系数(称自净系数)，该系数可以估计。试确定各污水处理站口的污水浓度，使在符合国家标准规定的条件下总的处理费用最小。

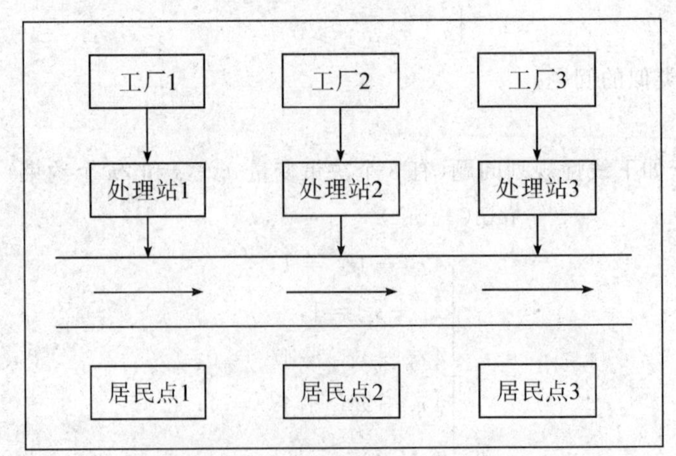

先建立一般情况下的数学模型，再求解以下具体问题：

设上游江水流量为 1000(10^{12} L/min)，污水浓度为 0.8(mg/L)，3 个工厂的污水流量均为 5(10^{12} L/min)，污水浓度(从上游到下游排列)分别 100,60,50(mg/L)，处理

系数均为(万元/((10^{12} L/min) * (mg/L)),3 个工厂之间的两段江面的自净系数(从上游到下游)分别为 0.9 和 0.6。国家标准规定水的污染浓度不能超过 1(mg/L)。

(1)为了使江面上所有地段的水污染达到国家标准,最少需要花费多少费用?

(2)如果只要求 3 个居民点上游的水污染达到国家标准,最少需要花费多少费用。

8.5 某公司将 3 种不同的含硫量的液体原料(分别记为甲、乙、丙)混合生产两种产品(分别记为 A,B),按照生产工艺的要求,原料甲、乙必须首先倒入混合池中混合,混合后的液体再分别与原料丙混合生产 A,B。已知原料甲、乙、丙的含硫量分别为 3%,1%,2%,进货价格分别是 6 千元/吨,16 千元/吨,10 千元/吨,产品 A,B 的含硫量分别不能超过 2.5%,1.5%,售价分别为 9 千元/吨和 15 千元/吨,根据市场信息,原料甲、乙、丙的供应量不超过 500 吨;产品 A,B 的最大市场需求量分别为 100 吨、200 吨。

(1)应如何安排生产?

(2)如果产品 A 的最大市场需求增长为 600 吨,应如何安排生产?

(3)如果乙的进货价格下降为 13 千元/吨,应如何安排生产? 分别就(1)、(2)两种情况进行讨论。

8.6 有一辆最大货运量为 10 吨的卡车,用来装载三种货物。每种货物的单位重量及相应的单位价值如表所示。问应如何装载才能使总的价值最大?

货物编号	1	2	3
单位重量(吨)	3	4	5
单位价值 (万元)	4	5	6
件数	x_1	x_2	x_3

第 9 章 整数规划习题

9.1 用分枝定界法求解,并用 LINDO 或 LINGO 验证得到的结果是否正确:

(1)

$$\begin{aligned} \min \quad & z = 7x_1 + 9x_2 \\ s.t. \quad & -x_1 + 3x_2 \geqslant 6, \\ & 7x_1 + x_2 \geqslant 35, \\ & x_1, x_2 \in Z^+. \end{aligned}$$

(2)

$$\begin{aligned} \max \quad & z = 40x_1 + 90x_2 \\ s.t. \quad & 9x_1 + 7x_2 \leqslant 56, \end{aligned}$$

$$7x_1 + 20x_2 \leqslant 70,$$
$$x_1, x_2 \in Z^+$$

9.2 用动态规划方法求解，并用 LINDO 或 LINGO 验证得到的结果是否正确：

(1)

$$\begin{aligned} \min \quad & z = x_1^2 + x_2^2 + x_3^2 + x_4^2 - x_1 - 2x_2 - 3x_3 - 4x_4, \\ s.t. \quad & x_1 + x_2 + x_3 + x_4 \geqslant 10, \\ & x_1, x_2, x_3, x_4 \in Z^+ \end{aligned}$$

(2)

$$\begin{aligned} \max \quad & z = 5x_1 + 10x_2 + 3x_3 + 6x_4, \\ s.t. \quad & x_1 + 4x_2 + 5x_3 + 10x_4 \leqslant 10, \\ & x_1, x_2, x_3, x_4 \in Z^+ \end{aligned}$$

9.3 用 LINGO 软件求解：

$$\begin{aligned} \max \quad & z = c^T x + \frac{1}{2} x^T Q x, \\ s.t. \quad & -1 \leqslant x_1 x_2 + x_3 x_4 \leqslant 1 \\ & -3 \leqslant x_1 + x_2 + x_3 + x_4 \leqslant 2, \\ & x_1, x_2, x_3, x_4 \in \{-1, 1\} \end{aligned}$$

其中 $c = (6,8,4,-2)^T$，Q 是三对角矩阵，主对角线上元素全为 -1，两条次对角线上元素全为 2。

9.4 某运货公司需要从 9 个货运订单中选一些订单作为一批，用一个集装箱发送，以获得最大利润，该集装箱的最大装载容积(不允许重叠堆放，所以这里以底面积表示)为 1000 m^2，最大装载重量为 1200kg。9 个货运订单的相关信息如表。

订单号	1	2	3	4	5	6	7	8	9
利润	7	6	3	6	3	1	1	2	4
空间	6	2	7	5	2	3	7	9	4
重量	7	7	2	4	2	7	8	6	7

9.5 (指派问题)考虑指定 n 个人完成 n 项任务(每人单独承担一项任务)，使所需的总完成时间(成本)尽可能短，已知某指派问题的有关数据(每人完成各任务所需的时间)如表所示，试求解该指派问题。

工人 \ 任务	1	2	3	4
1	15	18	21	24
2	19	23	22	18
3	26	18	16	19
4	19	21	23	17

9.6 (二次指派问题)某公司指派 n 个员工到 n 个城市工作(每个城市单独一人),希望使所花费的总电话费用尽可能少,n 个员工两两之间每个月通话的时间表示在下面的矩阵的上三角部分(因为通话的时间矩阵是对称的,没有必要写出下三角部分),n 个城市两两之间通话费率表示在下面矩阵的下三角部分(同样道理,因为通话费率矩阵是对称的,没有必要写出上三角部分)。试求解该二次指派问题。

$$\begin{bmatrix} 0 & 5 & 3 & 7 & 9 & 3 & 9 & 2 & 9 & 0 \\ 7 & 0 & 7 & 8 & 3 & 2 & 3 & 3 & 5 & 7 \\ 4 & 8 & 0 & 9 & 3 & 5 & 3 & 3 & 9 & 3 \\ 6 & 2 & 10 & 0 & 8 & 4 & 1 & 8 & 0 & 4 \\ 8 & 6 & 4 & 6 & 0 & 8 & 8 & 7 & 5 & 9 \\ 8 & 5 & 4 & 6 & 6 & 0 & 4 & 8 & 0 & 3 \\ 8 & 6 & 7 & 9 & 4 & 3 & 0 & 7 & 9 & 5 \\ 6 & 8 & 2 & 3 & 8 & 8 & 6 & 0 & 5 & 5 \\ 6 & 3 & 6 & 2 & 8 & 3 & 7 & 8 & 0 & 5 \\ 5 & 6 & 7 & 6 & 6 & 2 & 8 & 8 & 9 & 0 \end{bmatrix}$$

9.7 一家出版社准备在某市建立两个销售代理点,向 7 个区的大学生售书,每个区的大学生数量(单位:千人)已经表示在图上。每个销售代理点只能向本区和一个相邻区的大学生售书,这两个销售代理点应该建在何处,才能使所能供应的大学生的数量最大。建立该问题的整数线性规划模型并求解。

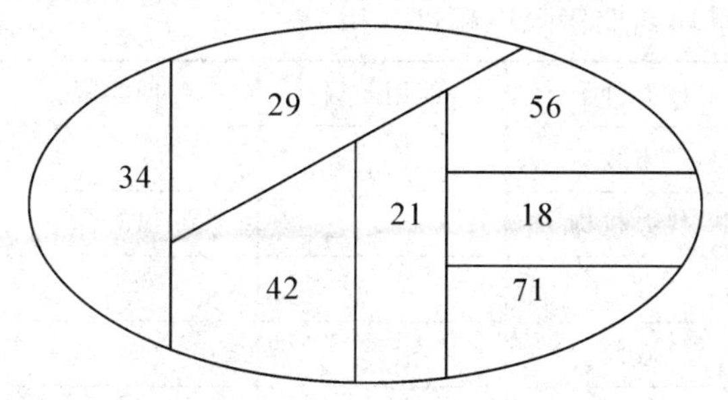

9.8 某储蓄所每天的营业时间是上午9时到下午5时。根据经验，每天不同时间段所需要的服务员数量如表。

时间段(时)	9～10	10～11	11～12	12～1	1～2	2～3	3～4	4～5
服务员数量	4	3	4	6	5	6	8	8

储蓄所可以雇佣全时和半时两类服务员。全时服务员每天报酬100元，从上午9时到下午5时工作，但中午12时到下午2时之间必须安排1小时的午餐时间。储蓄所每天可以雇佣不超过3名的半时服务员，每个半时服务员必须连续工作4小时，报酬40元。问该储蓄所应如何雇佣全时和半时两类服务员。如果不能雇佣半时服务员，每天至少增加多少费用。如果雇佣半时服务员的数量没有限制，每天可以减少多少费用。

9.9 某校经预赛选出A,B,C,D四名学生，将派他们去参加该地区各学校之间的竞赛。此次竞赛的四门功课考试在同一时间进行，因而每人只能参加一门，比赛结果将以团体总分计名次(不计个人名次)。设下表是四名学生选拔时的成绩，问应如何组队较好？

课程 学生	数学	物理	化学	外语
A	90	95	78	83
B	85	89	73	80
C	93	91	88	79
D	79	85	84	87

9.10 某银行经理计划用一笔资金进行有价证券的投资，可供购进的证券以及其信用等级、到期年限、收益如下表所示。按照规定，市政证券的收益可以免税，其他证券的收益需按50%的税率纳税。此外还有以下限制：

(1)政府及代办机构的证券总共至少要购进400万元；

(2)所购证券的平均信用等级不超过1.4(信用等级数字越小，信用程度越高)；

(3)所购证券的平均到期年限不超过5年。

证券名称	证券种类	信用等级	到期年限	到期税前收益(%)
A	市政	2	9	4.3
B	代办机构	2	15	5.4
C	政府	1	4	5.0
D	政府	1	3	4.4
E	市政	5	2	4.5

试解答下列问题：

(1)若该经理有 1000 万元资金,应如何投资?

(2)如果能够以 2.75%的利率借到不超过 100 万元资金,该经理应如何操作?

(3)在 1000 万元资金情况下,若证券 A 的税前收益增加为 4.5%,投资应否改变?若证券 C 的税前收益减少为 4.8%,投资应否改变?

9.11 一家保姆服务公司专门向顾主提供保姆服务。根据估计,下一年的需求是:春季 6000 人日,夏季 7500 人日,秋季 5500 人日,冬季 9000 人日。公司新招聘的保姆必须经过 5 天的培训才能上岗,每个保姆每季度工作(新保姆包括培训)65 天。保姆从该公司而不是从顾主那里得到报酬,每人每月工资 800 元。春季开始时公司拥有 120 名保姆,在每个季度结束后,将有 15%的保姆自动离职。

(1)如果公司不允许解雇保姆,请你为公司制定下一年的招聘计划;哪些季度需求的增加不影响招聘计划?可以增加多少?

(2)如果公司在每个季度结束后允许解雇保姆,请为公司制定下一年的招聘计划。

9.12 某电力公司经营两座发电站,发电站分别位于两个水库上,位置如下图所示。

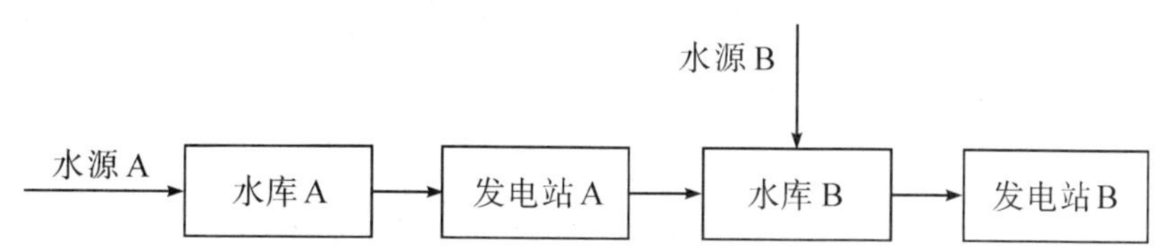

已知发电站 A 可以将水库 A 的 1 万 m^3 的水转换为 400 千度电能,发电站 B 只能将水库 B 的 1 万 m^3 的水转换为 200 千度电能。发电站 A,B 每个月的最大发电能力分别是 60000 千度,35000 千度,每个月最多有 50000 千度电能够以 200 元/千度的价格售出,多余的电能只能够以 140 元/千度的价格售出。水库 A,B 的其他有关数据如下(单位:万立方米)

		水库 A	水库 B
水库最大蓄水量		2000	1500
水源流入水量	本月	200	40
	下月	130	15
水库最小蓄水量		1200	800
水库目前蓄水量		1900	850

请你为该电力公司制定本月和下月的生产经营计划(千度是非国际单位制单位,1 千度= 10^3 千瓦时)。

9.13 有 4 名同学到一家公司参加三个阶段的面试：公司要求每个同学都必须首先找公司秘书初试，然后到部门主管处复试，最后到经理处参加面试，并且不允许插队(即任何一个阶段 4 名同学的顺序是一样的)。由于 4 名同学的专业背景不同，所以每人在三个阶段的面试时间也不同，如下表所示(单位：分钟)

	秘书初试	主管复试	经理面试
同学甲	13	15	20
同学乙	10	20	18
同学丙	20	16	10
同学丁	8	10	15

这 4 名同学约定他们全部面试完以后一起离开公司。假定现在时间是早晨 8:00，问他们最早何时能离开公司？

9.14 (背包问题)有一个徒步旅行者，已知他能承受的旅行背包的重量不超过 a (kg)。设有 n 种物品可供他选择装入背包，这 n 种物品分别编号为 $1, 2, \cdots, n$。其中第 i 种物品每件的重量为 a_i(kg)，其使用价值(指一件第 i 种物品对旅行者来说所带来的好处的一种数量指标)为 $c_i (i = 1, 2, \cdots, n)$。问这位旅行者应如何选择携带这 n 种物品的件数，使得总价值最大？

第 10 章 数据统计分析习题

10.1 设总体 $X \sim N(40, 5^2)$，抽取容量为 n 的样本，样本均值记作 $\bar{x}$。

(1)设 $n = 36$，求 $\bar{x}$ 在 38 与 43 之间的概率；

(2)设 $n = 64$，求 $\bar{x}$ 与总体均值之差不超过 1 的概率；

(3)要使 $\bar{x}$ 与总体均值之差不超过 1 的概率达到 0.95，n 应多大？

10.2. 设总体 $X \sim N(\mu, \sigma^2)$，现有样本容量 $n = 16$，均值 $\bar{x} = 12.5$，方差 $s^2 = 5$

(1)已知 $\sigma = 2$，求 μ 与 $\bar{x}$ 之差不超过 0.5 的概率；

(2)未知 σ，求 μ 与 $\bar{x}$ 之差不超过 0.5 的概率；

(3)求 σ 大于 3 的概率。

10.3 某厂从一台机床生产的滚珠中随机抽取 20 个，测得直径(mm)如下：

14.6,14.7,15.1,14.9,14.8,15.0,15.1,15.2,14.8,14.3

15.1,14.2,14.4,14.0,14.6,15.1,14.9,14.7,14.5,14.7
试给出这些数据的均值、标准差、方差、极差,并画出直方图。

10.4 某校 60 名学生的一次考试成绩如下:
93 75 83 93 85 84 82 77 76 77 95 94 89 91 88 86 83 96 81 79 97 78 75 67 69 68 84 83 81 75 66 85 70 94 8483 82 80 78 74 73 76 70 86 76 90 89 70 66 86 73 80 94 79 78 77 63 53 55
做直方图,计算均值、标准差、极差、偏度、峰度。

10.5 用蒙特卡罗方法计算以下函数在给定区间上的积分,并改变随机点数目,观察对结果的影响。

(1) $y=\dfrac{1}{x+1}, 0\leqslant x\leqslant 1$

(2) $y=\mathrm{e}^{3x}\sin 2x, 0\leqslant x\leqslant 2$

(3) $y=\sqrt{1+x^2}, 0\leqslant x\leqslant 2$

(4) $y=\dfrac{1}{\sqrt{2\pi}}\mathrm{e}^{-\frac{x^2}{2}}, -2\leqslant x\leqslant 2$

10.6 对于报童问题,如果报纸的销售量服从正态分布 $N(\mu,\sigma^2)$,且批发价为 $a=A\left(1-\dfrac{n}{K}\right)$,其中 n 为购进报纸的数量,K 为一个给定的常数,建立报童为获得最大利润的数学模型。当已知 $\mu=2000,\sigma=50,A=0.5,K=10000,b=0.5,c=0.35$ 时,为了获得最大的利润,求报童每天购进的报纸数量 n 。

10.7 某地区内有 12 个气象观测站 10 年来各站测得的年降雨量如下表:

	1981	1982	1983	1984	1985	1986	1987	1988	1989	1990
x_1	276.2	251.6	192.7	246.2	291.7	466.5	258.6	453.4	158.5	324.8
x_2	324.5	287.3	436.2	232.4	311.0	158.9	327.4	365.5	271.0	406.5
x_3	158.6	349.5	289.9	243.7	502.4	223.5	432.1	357.6	410.2	235.7
x_4	412.5	297.4	366.3	372.5	254.0	425.1	403.9	258.1	344.2	288.8
x_5	292.8	227.8	466.2	460.4	245.6	251.4	256.6	278.8	250.0	192.6
x_6	258.4	453.6	239.1	158.9	324.8	321.0	282.9	467.2	360.7	284.9
x_7	334.1	321.5	357.4	298.7	401.0	315.4	389.7	355.2	376.4	290.5
x_8	303.2	451.0	219.7	314.5	266.5	317.4	413.2	228.5	179.4	343.7

续表

	1981	1982	1983	1984	1985	1986	1987	1988	1989	1990
x_9	292.9	466.2	245.7	256.6	251.3	246.2	466.5	453.6	159.2	283.4
x_{10}	243.2	307.5	411.1	327.0	289.9	277.5	199.3	315.6	342.4	281.2
x_{11}	159.7	421.1	357.0	296.5	255.4	304.2	282.1	456.3	331.2	243.7
x_{12}	331.2	455.1	353.2	423.0	362.1	410.7	387.6	407.2	377.7	411.1

为了节省开支，有关部门想要减少四个气象观测站。不考虑各观测站的地理位置，试根据表中的数据推算 10 年来降雨量相近的站点。

10.8 某汽车 4S 店修理站设有 3 个停车位置，其中一个位置供正在修理的汽车停放。现以一天为一个时段，每天最多修好一辆车，每天到达修理站的汽车数有如下概率分布：

到达数	0	1	2
概率	0.6	0.2	0.2

假定在一个时段内一辆汽车能够修好的概率为 0.7，本时段内未能完成修理的汽车与正在等待修理的汽车一起进入下一时段。试问：该停车厂有无必要增加停车位置，并说明理由。

10.9 有两家公司欢迎你去面试，不巧的是面试在同一时间，你不得不放弃一个，选择一个。若两家公司各方面的工作条件相同。估计公司 1 给你一个极好工作的概率为 0.2，此时会有 40000 元的年薪；给你一个好工作的概率为 0.3，此时会有 30000 元的年薪；给你一个一般工作的概率为 0.4，此时会有 25000 元的年薪；公司 1 不雇用你的概率为 0.1。公司 2 一定会给你一个 26000 元的年薪。你选择哪一个公司，为什么？

第 11 章 统计推断习题

11.1 某厂从一台机床生产的滚珠中随机抽取 9 个，测得直径(mm)如下：

14.6，14.7，15.1，14.9，14.8，15.0，15.1，15.2，14.8

设滚珠直径服从正态分布，试自行给出不同的显著性水平，对直径的均值和标准差作区间估计。

11.2 据说某地汽油的价格是 115 美分/加仑，为了验证这种说法，一位司机开车随机选择了一些加油站，得到某年 1 月和 2 月的数据如下：

1 月 119 117 115 116 112 121 115 122 116 118 109 112 119 112 117 113 114 109

109 118

2 月 118 119 115 122 118 121 120 122 128 116 120 123 121 119 117 119 128 126 118 125

(1)分别用两个月的数据验证这种说法的可靠性；

(2)分别给出 1 月和 2 月汽油价格的置信区间($\alpha = 0.05$)；

(3)如何给出 1 月和 2 月汽油价格差的置信区间($\alpha = 0.05$)。

11.3 设第 11.1 题的数据是机床甲产生的，另从机床乙生产的滚珠中抽取 10 个，测得直径(单位:mm)如下：

15.2,15.1,15.4,14.9,15.3,15.0,15.2,14.8,15.7,15.0

记两机床生产的滚珠直径分别为 μ_1,μ_2，试作 $\mu_1 = \mu_2,\mu_1 < \mu_2,\mu_1 > \mu_2$ 3 种检验。

11.4 甲方向乙方成批供货，甲方承诺合格率为 90%，双方商定置信概率为 95%。现从一批货中抽取 50 件，43 件为合格品，问乙方应否接受这批货物？你能为乙方不接受它出谋划策吗？

11.5 学校随机抽取 100 名学生，测量他们的身高的体重，所得数据如表：

身高	体重	身高	体重	身高	体重	身高	体重	身高	体重
172	75	169	55	169	64	171	65	167	47
171	62	168	67	165	52	169	62	168	65
166	62	168	65	164	59	170	58	165	64
160	55	175	67	173	74	172	64	168	57
155	57	176	64	172	69	169	58	176	57
173	58	168	50	169	52	167	72	170	57
166	55	161	49	173	57	175	76	158	51
170	63	169	63	173	61	164	59	165	62
167	53	171	61	166	70	166	63	172	53
173	60	178	64	163	57	169	54	169	66
178	60	177	66	170	56	167	54	169	58
173	73	170	58	160	65	179	62	172	50
163	47	173	67	165	58	176	63	162	52
165	66	172	59	177	66	182	69	175	75
170	60	170	62	169	63	186	77	174	66

续表

身高	体重	身高	体重	身高	体重	身高	体重	身高	体重
163	50	172	59	176	60	166	76	167	63
172	57	177	58	177	67	169	72	166	50
182	63	176	68	172	56	173	59	174	64
171	59	175	68	165	56	169	65	168	62
177	64	184	70	166	49	171	71	170	59

(1)对这些数据给出直观的图形描述，检验分布的正态性；

(2)根据这些数据对全校学生的身高和体重作出估计，并给出估计的误差范围；

(3)学校 10 年前做过普查，学生的平均身高为 167.5cm，平均体重为 60.2kg，根据这次抽查的数据，对学生的身高和体重有无明显变化作出结论。

11.6 调查了 339 名 50 岁以上人群吸烟习惯与患慢性气管炎的关系，得表如下：

是否吸烟 / 是否患病	吸烟	不吸烟	总和
患慢性气管炎/人	43	13	56
未患慢性气管炎/人	162	121	283
总和/人	205	134	339
患病率/%	21.0	9.7	16.5

问吸烟者与不吸烟者的慢性气管炎患病率是否相同。

11.7 下表给出的中国 7～18 岁青少年身高资料来源于 1995 年全国学生体质健康调研，分层随机整群抽样自除西藏，台湾外的所有省(市，自治区)，年龄 7～22 岁，共约 20 万各年龄段的数据。日本 7～18 岁青少年身高资料以 1995 年日本学校保健调查为依据。下表中是各个样本的均值和标准差。设法用这些数据判断中国和日本男女生身高是否有差异。

年龄	中国男生样本		日本男生样本		中国女生样本		日本女生样本	
	均值	标准差	均值	标准差	均值	标准差	均值	标准差
7	124.5	5.7	122.5	5.4	123.4	5.4	121.8	5.4
8	129.4	5.6	128.1	5.5	128.4	5.5	127.6	5.7
9	134.6	6.0	133.4	5.4	134.3	6.2	133.5	6.3
10	139.3	6.6	138.9	5.9	140.0	6.9	140.2	6.6
11	145.1	7.2	144.9	6.7	146.7	7.0	146.7	6.7

续表

年龄	中国男生样本		日本男生样本		中国女生样本		日本女生样本	
	均值	标准差	均值	标准差	均值	标准差	均值	标准差
12	151.2	8.1	152	7.8	152.5	6.6	151.9	6.2
13	160.0	8.0	159.6	7.6	156.3	6.0	155.1	5.4
14	165.1	7.0	165.1	6.8	157.7	5.5	156.7	5.2
15	168.3	6.3	168.5	6.2	158.9	5.6	157.4	5.0
16	170.1	6.3	170.0	5.9	159.3	5.4	157.9	5.3
17	171.0	6.0	170.8	6.0	159.3	5.4	158.1	5.0
18	170.8	5.8	171.1	5.9	159.1	5.3	158.2	5.1

第12章　回归分析习题

12.1　用切削机床加工时，为了实时地调整机床需要测定刀具的磨损速度，每隔一个小时测量刀具的厚度得到以下数据，建立刀具厚度对切削时间的回归模型，对模型和回归系数进行检验，并预测7.5小时和15小时后的刀具厚度，计算预测区间，解释计算结果。

时间/小时	0	1	2	3	4	5	6	7	8	9	10
刀具厚度/cm	30.6	29.1	28.4	28.1	28.0	27.7	27.5	27.2	27.0	26.8	26.5

12.2　电影院调查电视广告费用和报纸广告费用对每周收入的影响，得到下面的数据，建立回归模型并进行检验，诊断异常点的存在与否并进行处理。

每周收入	96	90	95	92	95	95	94	94
电视广告费用	1.5	2.0	1.5	2.5	3.3	2.3	4.2	2.5
报纸广告费用	5.0	2.0	4.0	2.5	3.0	3.5	2.5	3.0

12.3　营养学家为研究食物中蛋白质含量对婴儿生长的影响，按照食物中蛋白质含量的高低，调查两组两个月到3岁婴儿的身高，见下表：

高蛋白食物组

年龄/岁	0.2	0.5	0.8	1.0	1.0	1.4	1.8	2.0	2.0	2.5	2.5	2.7	3.0
身高/cm	54	44	63	66	69	73	82	83	80	91	93	94	94

低蛋白食物组

年龄/岁	0.2	0.4	0.7	1.0	1.0	1.3	1.5	1.8	2.0	2.0	2.4	2.8	3.0
身高/cm	51	52	55	61	64	65	66	69	68	69	72	76	77

(1)分别用两组数据你和食物中蛋白质高、低含量对婴儿身高的回归直线，届时所得的结果如何？

(2)怎样检验食物中蛋白质含量的高低对因而的生长有无显著影响？检验结果如何？

12.4　有13名儿童参加一项睡眠时间与年龄关系的调查，表中的儿童睡眠时间(单位:分钟，min)是根据连续3天记录的平均值得到的：

序号	睡眠时间/min	年龄/岁	序号	睡眠时间/min	年龄/岁
1	586	4.4	8	515	8.9
2	462	14.0	9	493	11.1
3	491	10.1	10	528	7.8
4	565	6.7	11	576	5.5
5	462	11.5	12	533	8.6
6	532	9.6	13	531	7.2
7	478	12.4			

(1)画出散点图，建立回归模型并检验模型的有效性，解释得到的结果。

(2)给出10岁孩子的平均睡眠时间及预测区间。

12.5　社会学家认为犯罪与收入低、失业及人口规模有关，对20个城市的犯罪率y(每10万人中犯罪人数)与年收入低于5000元家庭的百分比x1，失业率x2和人口总数x3进行了调查，数据如下。试建立犯罪率y的模型。若x1，x2和x3只选择2个变量，最好的模型是什么？异常点或离群点对模型的有效性和精度有何影响？

x1=[16.5 20.5 26.3 16.5 19.2 16.5 20.2 21.3 17.2 14.3 18.1 23.1 19.1 24.7 18.6 24.9 17.9 22.4 20.2 16.9]；

x2=[6.2 6.4 9.3 5.3 7.3 5.9 6.4 7.6 4.9 6.4 6.0 7.4 5.8 8.6 6.58.3 6.7 8.6 8.4 6.7]；

x3=[587 643 635 692 1248 643 1964 1531 713 749 7895 762 2793 741 625 854 716 921 595 3353]；

y=[11.2 13.4 40.7 5.3 24.8 12.7 20.9 35.7 8.7 9.6 14.5 26.9 15.7 36.2 18.1 28.9 14.9 25.8 21.7 25.7]；

12.6 下表列出了某城市 18 位 35～44 岁经理的年平均收入 x1(千元)，风险偏好度 x2 和人寿保险额 y(千元)的数据，其中风险偏好度是根据发给每个经理的问卷调查表综合得到的，它的数值越大，就越偏爱高风险。研究人员想研究此年龄段中的经理所投保的人寿保险额与年平均收入及风险偏好度之间的关系。研究者预计，经理的年平均收入和人寿保险之间存在着二次关系，并有把握地认为风险偏好度对人寿保险额有线性效应，但对于风险偏好度对人寿保险额是否有二次效应及各自变量是否对人寿保险额有交互项效应，心中没底儿。通过下表的数据来建立一个合适的回归模型，验证上面的看法，并给出进一步的分析。

序号	人寿保险额 Y(千元)	年均收入 X1(千元)	风险偏好度 X2
1	196	66.290	7
2	63	40.964	5
3	252	72.996	10
4	84	45.010	6
5	126	57.204	4
6	14	26.852	5
7	49	38.122	4
8	49	35.840	6
9	266	75.796	9
10	49	37.408	5
11	105	54.376	2
12	98	46.186	7
13	77	46.130	4
14	14	30.366	3
15	56	39.060	5
16	245	79.380	1
17	133	52.766	8
18	133	55.916	6

12.7 据观察，个子高的人一般腿都长。今从 16 名成年女子测得数据如下表，试由此得到身高 x 与腿长 y 之间的回归关系。

x cm	143	145	146	147	149	150	153	154
y cm	88	85	88	91	92	93	93	95
x cm	155	156	157	158	159	160	162	164
y cm	96	98	97	96	98	99	100	102

12.8 下表给出了某工厂产品的生产批量与单位成本(元)的数据,从散点图可以明显地发现,生产批量在 500 以内时,单位成本对生产批量服从一种线性关系,生产批量超过 500 时服从另一种线性关系,此时单位成本明显下降。希望你构造一个合适的回归模型全面地描述生产批量与单位成本的关系。

生产批量	650	340	400	800	300	600
单位成本	2.48	4.45	4.52	1.38	4.65	2.96
生产批量	720	480	440	540	750	
单位成本	2.18	4.04	4.20	3.10	1.50	

12.9 在冶炼过程中,有某种合金钢的抗拉强度 Y(kg/mm^2)与钢中的含碳量 X(%)有一定的关系,但我们不清楚它们之间关系的具体形式。为了找到这个关系,以便我们对合金的抗拉强度进行控制,我们选取 92 炉钢作为样本,其数据见下表,来寻找它们的关系。为满足用户的要求,此种合金钢的抗拉强度 Y 应大于 50,若要以 90%的把握满足此要求,应把含碳量 X 控制在什么样的范围?

序号	1	2	3	4	5	6	7	8	9	10	11	12
X(%)	0.03	0.04	0.04	0.05	0.05	0.05	0.05	0.06	0.06	0.07	0.07	0.07
Y(kg/mm^2)	40.5	41.5	38.0	42.5	40.0	41.0	40.0	43.0	43.5	39.5	43.0	42.5
序号	13	14	15	16	17	18	19	20	21	22	23	24
X(%)	0.08	0.08	0.08	0.08	0.08	0.08	0.08	0.09	0.09	0.09	0.09	0.09
Y(kg/mm^2)	42.0	42.0	42.0	41.5	42.0	41.5	42.0	42.5	39.5	43.5	39.0	42.5
序号	25	26	27	28	29	310	31	32	33	34	35	36
X(%)	0.09	0.09	0.09	0.09	0.09	0.09	0.09	0.10	0.10	0.10	0.10	0.10
Y(kg/mm^2)	42.0	43.0	43.0	44.5	43.0	45.0	45.5	43.5	40.5	44.0	42.5	41.5
序号	37	38	39	40	41	42	43	44	45	46	47	48
X(%)	0.10	0.10	0.10	0.10	0.10	0.11	0.11	0.11	0.11	0.11	0.12	0.12
Y(kg/mm^2)	37.0	43.0	41.5	45.0	41.0	42.5	42.0	42.0	46.0	45.5	49.0	42.5
序号	49	50	51	52	53	54	55	56	57	58	59	60
X(%)	0.12	0.12	0.12	0.12	0.12	0.13	0.13	0.13	0.13	0.13	0.13	0.13
Y(kg/mm^2)	44.0	42.0	43.0	46.5	46.5	43.0	46.0	43.0	44.5	49.5	43.0	45.5
序号	61	62	63	64	65	66	67	68	69	70	71	72
X(%)	0.13	0.13	0.13	0.13	0.14	0.14	0.14	0.14	0.15	0.15	0.15	0.15
Y(kg/mm^2)	44.5	46.0	47.5	49.5	49.0	41.0	43.0	47.5	46.0	49.0	39.5	55.0

续表

序号	73	74	75	76	77	78	79	80	81	82	83	84
X(%)	0.15	0.16	0.16	0.16	0.17	0.18	0.20	0.20	0.20	0.21	0.21	0.21
Y(kg/mm^2)	48.0	48.5	51.0	48.0	53.0	50.0	52.5	55.5	57.0	56.0	52.5	56.0
序号	85	86	87	88	89	90	91	92				
X(%)	0.23	0.24	0.24	0.24	0.25	0.26	0.29	0.32				
Y(kg/mm^2)	60.0	56.0	53.0	53.0	54.5	61.5	59.5	64.0				

参考文献

[1] 姜启源，邢文训，谢金星，等. 大学数学实验[M]. 北京：清华大学出版社，2005.
[2] 姜启源，谢金星，叶俊，等. 数学模型[M]. 3 版. 北京：高等教育出版社，2004.
[3] 姜启源，谢金星，等. 数学建模案例选集[M]. 北京：高等教育出版社，2006.
[4] 周义仓，赫孝良. 数学建模实验[M]. 2 版. 西安：西安交通大学出版社，2007.
[5] 叶其孝. 大学生数学建模竞赛辅导教材(全四册) [M]. 长沙：湖南教育出版社，2000.
[6] 萧树铁，姜启源，张立平，等. 数学实验[M]. 2 版. 北京：高等教育出版社，2006.
[7] 谢金星，薛毅. 优化建模与 LINDO/LINGO 软件[M]. 北京：清华大学出版社，2005.
[8] 韩明，王家宝，李林. 数学实验(MATLAB 版). [M]. 上海：同济大学出版社，2009.
[9] 万福永，戴浩晖，潘建瑜. 数学实验教程(MATLAB 版). [M]. 北京：科学出版社，2006.
[10] 边馥萍，侯文华，梁冯珍. 数学模型方法与算法 [M]. 北京：高等教育出版社，2005.
[11] 华罗庚，王元. 数学模型选谈[M]. 大连：大连理工大学出版社，2011.
[12] 谭永基，朱晓明，丁颂康，等. 经济管理数学模型案例教程[M]. 北京：高等教育出版社，2006.
[13] 韩中庚. 数学建模方法及其应用[M]. 北京：高等教育出版社，2005.
[14] 唐焕文，贺明峰. 数学模型引论[M]. 3 版. 北京：高等教育出版社，2005.
[15] 雷功炎. 数学模型讲义[M]. 北京：北京大学出版社，1999.
[16] 赵静，但琦. 数学建模与数学实验[M]. 3 版. 北京：高等教育出版社，2008.
[17] 朱德通. 最优化模型与实验[M]. 上海：同济大学出版社，2003.
[18] 李继成，朱旭，李萍. 数学实验[M]. 北京：高等教育出版社，2006.
[19] 杨启帆，李浙宁，王聚丰，涂黎晖. 数学建模案例集[M]. 北京：高等教育出版社，2006.
[20] 杨启帆，何勇，谈之奕. 数学建模竞赛：浙江大学学生获奖论文点评[M]. 杭州：浙江大学出版社，2005.
[21] 刘来福，曾文艺. 数学模型与数学建模[M]. 2 版. 北京：北京师范大学出版社，2002.

[22] 赵东方.数学模型与计算[M]. 北京:科学出版社,2007.
[23] 薛南青,薛佩军,李汝宾,等.数学建模基础知识与案例精选[M]. 济南:山东大学出版社,2007.
[24] 寿纪麟,宋保军,周义仓,等. 数学建模:方法与范例[M].西安:西安交通大学出版社,1993.
[25] 李海涛,邓樱. MATLAB 程序设计教程[M]. 北京:高等教育出版社,2002.
[26] 云舟工作室.数学建模基础教程[M]. 北京:人民邮电出版社,2001.
[27] 陈宝林.最优化理论与算法[M]. 2 版.北京:清华大学出版社,2005.
[28] (美) Frank R. Giordano. 数学建模 [M]. 3 版.叶其孝,姜启源,译.北京:机械工业出版社,2006.
[29] 薛定宇,陈阳泉.高等应用数学问题的 MATLAB 求解[M]. 北京:清华大学出版社,2004.
[30] 全国大学生数学建模竞赛组委会. 全国大学生数学建模竞赛优秀论文汇编[M]. 北京:中国物价出版社,2002.
[31] 徐树方,高立,张平文.数值线性代数[M]. 2 版.北京:北京大学出版社,2013.